世界科普巨匠经典译丛·第一辑

INTERESTING MAGIC AND MATHEMATICS

趣味魔术与数学故事

（苏）别莱利曼／著　　丁荣立／编译

上海科学普及出版社

图书在版编目（CIP）数据

趣味魔术与数学故事 /（苏）别莱利曼著；丁荣立译 .—上海：上海科学普及出版社，2013.10（2022.6 重印）

（世界科普巨匠经典译丛·第一辑）

ISBN 978-7-5427-5833-0

Ⅰ.①趣… Ⅱ.①别… ②丁… Ⅲ.①数学–普及读物 Ⅳ.①01-49

中国版本图书馆 CIP 数据核字 (2013) 第 173904 号

责任编辑：李 蕾

世界科普巨匠经典译丛·第一辑

趣味魔术与数学故事

(苏)别莱利曼 著 丁荣立 译

上海科学普及出版社出版发行

（上海中山北路 832 号 邮编 200070）

http://www.pspsh.com

各地新华书店经销 三河市华晨印务有限公司印刷

开本 787 × 1092 1/12 印张 17.25 字数 150 000

2013 年 10 月第 1 版 2022 年 6 月第 3 次印刷

ISBN 978-7-5427-5833-0 定价：36.80 元

目录

CONTENTS

第 6 章 剪纸小游戏

第 7 章 有趣的数字

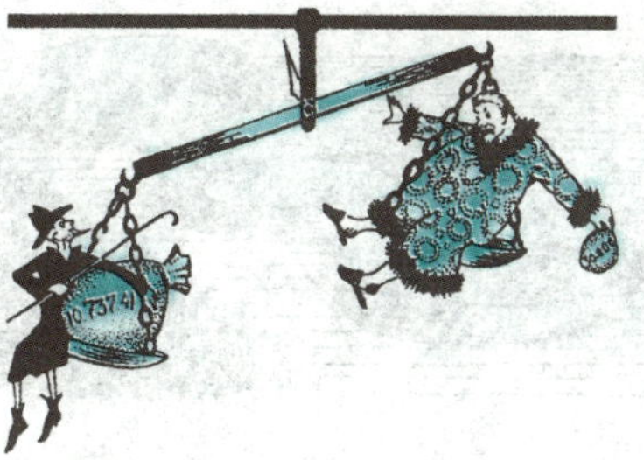

第 8 章 神奇的假象

第 9 章 有趣的实验

第 10 章 有趣的计算题

第1章

世纪奇迹

1.1 广告

我知道书中我在讲述这个故事时，只有 12 岁，那时我还在上中学，我曾对一个和我同岁的小男孩发过誓，我会永远保守这个秘密，从那以后，我就再也没有向任何人提过。

多年来，我一直信守着自己的誓言，可现在我要公开这个秘密，这是为什么呢？我在后面会告诉你我这样做的原因，现在让我把这个秘密详细说给你听吧。

一想到这件事，就会有一幅巨大的彩色海报出现在我的脑海中。

我当时还没有读完儒勒·凡尔纳的《地心游记》，正匆忙赶回家读书。这

图 1—1

时我突然看到一幅巨大的海报，它是红绿相间的，上面讲述着一些很离奇的事。

《世纪奇迹》来到我市演出了！

海报的内容如下：

世纪奇迹

神奇的男孩：12 岁的菲利柯斯

1. 记忆力惊人

他能把观众说出的 100 个单词一口气背出，

还能按观众提出的顺序把这些单词重复背诵，

还能记住每个单词的序号。

这次表演在全国取得了巨大的成功。

2. 读懂你的心

菲利柯斯可以在任何情况下猜出你心里正在想象或是你随身携带的物品。

这次演出将在专门委员会的监督下进行。

不可能存在任何欺骗行为。

世纪奇迹！

这时我听到身后一个声音："胡说八道！"

我回头一看：我的同班同学也在看这张海报，我们平时都称这个留级生为"小家伙"。

"小家伙"又说一次："这都是骗人的，这就是花钱让别人骗。"

我对此并不认同："不是所有人都会受骗，聪明人就不会。"

"小家伙"肯定地说："你是肯定会被骗的！"他好像对我说的聪明人一点兴趣也没有。

图 1—2

他轻蔑的口吻让我无法忍受，我决定去看演出，还要提高警惕，绝不让自己上当受骗，我是聪明人，绝对不会被骗的！

图 1—3

1.2 惊人的记忆力

我很少去剧场看演出，因为我没有那么多钱，这样就只能坐在离舞台很远的地方。虽然我的视力足以看清舞台，但我还是没看清《世纪奇迹》中那个神奇的小男孩的模样。我甚至觉得好像在哪儿见过他，当然，我知道自己不可能认识菲利柯斯。

舞台上，一位中年男子和一个小男孩走上来和观众打招呼，接下来就开始准备演出《记忆法》了。准备工作做得非常精细。魔术师（我心里对他的称呼）把小男孩的双眼用布蒙上，让他坐在椅子上，背对着观众。

魔术师从台下请上来几位观众，这样就说明他们演出的真实性。

魔术师走下舞台，拿着一个装有纸片的文件夹穿梭在后排座位之间。让观众把心里想的随便什么物品写在纸上。

图 1—4

魔术师说："请把你写的单词序号记清，菲利柯斯会把这些序号说出来。"

魔术师问我："小伙子，您可以写上几个单词吗？"

他的请求让我感到突然，我为此兴奋得心砰砰直跳，但我却想不出该在纸片上写什么。

坐在我旁边的姑娘催我说："赶紧吧！如果你不知道该写什么，可以随便写，比如：铅笔刀，雨，水灾……"

我为此感到有点不好意思，赶紧把这三个单词写在了序号 68、69、70 卡片后面。

"你们写下的单词序号请千万记住！"魔术师说完后就往远处的座位走去，继续让观众在纸片上写上单词。

不一会儿，魔术师大声宣布道："已经填够 100 个了，非常感谢大家！现在请注意，我把纸片上所有的单词朗读一遍，菲利柯斯不仅能把这 100 个单词全都背出来，还能以任何顺序把它们重复出来：可以从第一个到最后一个，也可以从最后一个到第一个，或是中间隔几个单词，也可以由大家随意要求说出。现在开始。"

图 1–5

魔术师一个接一个地朗读着纸片上的单词："镜子、手枪、天平、灯泡、车票、马车夫、望远镜、楼梯、肥皂……"

其实朗读用了很短的时间，但在我听起来，它却像是没有尽头一样。要记住这 100 个单词在我看来完全是不可能的。

魔术师继续念着单词，其中也包括我的："胸针、别墅、糖果、窗户、烟卷、雪花、小链子、铅笔刀、雨……"

小男孩坐在椅子上一动不动地听着，

就像睡着了一样。他真的可以把这么多单词一个不差地重复出来吗？

“椅子、剪刀、吊灯、邻居、星星、帷幕、橙子。完毕！”魔术师宣布：“观众朋友们，现在你们可以选出几位监督员，我把这些写有单词的纸片交给你们，你们可以对菲利柯斯的答案进行监督，并向观众朋友们宣布他背诵的是否正确。”

观众们选出了三个监督员，其中有一位是我们学校高年级的学生，他是个矮个子做事谨慎。

监督员们拿着单词卡片走到大厅就坐之后，魔术师就宣布：“请注意！现在菲利柯斯要把这些单词从第一个背到第100个。请监督员仔细对照单词卡片。”

大厅里一下子鸦雀无声，只能听到菲利柯斯洪亮的声音：“镜子、手枪、天平、灯泡……”

菲利柯斯就像看着书本念单词一样，熟练而不紧不慢地背出了所有单词。我惊讶地看着他，又看看坐在观众席上的三位监督员。每当小男孩念出一个单词，我都希望能听到监督员们说一声“不对”！但他们却只是专注地看着单词卡片。

菲利柯斯继续背诵着单词，其中也有我写下的那三种物品（因为没有从头到尾验证单词顺序，所以我也不知道那三个单词的序号是不是68、69、70）。小男孩继续不紧不慢地背单词，不一会儿就背完了最后一个：“橙子。”

其中一个监督员是一位炮兵，他向大家宣布：“完全正确。没有一个错误！”

“观众们想不想看菲利柯斯把单词倒着背出来？或是中间隔三个、五个？或是从某

图 1-6

图 1–7

一个单词背到另一个指定单词？”

观众席一下沸腾了。

“中间隔 7 个！……所有偶数……每隔 3 个，隔 3 个！……把前半部分倒背出来……从第 37 个开始背到最后！……所有奇数！……背 6 的倍数！……”

魔术师大声说：“请大家不要同时说话，这样我们听不清楚。”

坐在我前面的人大声说：“从第 73 个背回到第 48 个。”

“好的。请大家注意听！菲利柯斯，请从第 73 个单词开始背回到第 48 个。监督员们，请你们注意监督答案的正确性。”

菲利柯斯立刻按指定顺序准确无误地背出了所有单词：从第 73 个回到第 48 个。

突然，魔术师问大家：“观众朋友们想不想让菲利柯斯背诵出一个单词的序号？”

我鼓了鼓勇气，站起来大声向台上喊道：“铅笔刀”。

菲利柯斯立刻回答：“第 68！”

单词序号回答得非常正确！

观众们又提出了很多问题。菲利柯斯都给出了准确的答案：“雨伞：第 83……糖果：第 56……手套：第 47……手表：第 34……书：第 22……雪花：第 59……”。

当魔术师宣布本次表演结束时，观众们呼喊着菲利柯斯的名字，给予了这个小男孩雷鸣般的掌声，他走到台前，向观众席微笑着施礼后走下了舞台。

1.3 神奇的腹语

三天前和我一起看海报的同班同学在我身后拍了一下我的肩膀。我回过头，他对我说：“小家伙，被骗了吧？”

我非常气愤地说：“难道你没有被骗吗？”

“我和你不一样，我早就知道事情的结果了。”

“你知道得多有什么用，还不是一样也被骗。”

“我可没有被骗，我对这些小把戏可是知道得一清二楚呢。”

“你知道什么？我看你什么都不知道。”

他自信满满地说：“这里的秘密我全知道，这是腹语。”

“那位大叔，他会腹语，腹语就是用肚子说话。他向观众们提出问题，再用腹语回答，这时观众们就会认为是菲利柯斯在回答问题。其实那个小男孩并没说话，他只是坐在椅子上睡觉呢。事实的真相就是这样的，这些小把戏我早就看透了。

我听后非常惊讶：“你说什么？肚子怎么可能会讲话？”他却没有理我，转过身离开了。

观众席隔壁有一个大厅，人们休息的时候都会来到这儿，我来到这里，看到很多人围着几个监督员热烈地讨论。

我也走过去认真听起来。

一个炮兵说道：“其实腹语并不像大多数人想象的那样是用肚子说话，只是他们发出的声音好像来自于身体内部。其实他们和我们说话没什么区别，也是在用嘴说，只是嘴唇并没有动，脸上的肌肉也一动不动，这就是腹语的技巧。他们说话的时候，你可以仔细观察，他们的嘴是一动不动的，呼吸非常轻微，

图 1—8

就算你把一根燃烧的蜡烛放在他嘴边，火苗都不会动，因为他的嘴唇一直没动，所以听的人就会感觉声音是从别的地方传来的，就像是别人在说话；这就是腹语的奥秘。”

这位炮兵接着说：“而且腹语表演者还会用一些手段把观众的注意力转移到其他地方，这样才能让观众觉得声音是别人发出的，让人不会怀疑到真正的说话者是自己……看来古代巫师用的也是这种方法吧。”

“那就是说，这位魔术师是一位腹语表演者？这就是这场表演的秘密所在？”

“不，我是想说这场表演和腹语无关，我只是随便提到，看来大家都认为这场表演只是魔术师在玩腹语的把戏，其实这种猜测是完全没有道理的。”

大家齐声说：“为什么你这么肯定这场表演和腹语无关呢？”

“很简单，因为在菲利柯斯背单词的时候，单词卡是在监督员手里的，魔术师根本看不到。就算魔术师真的会腹语，他是如何记住这么多单词的？就算那个小男孩只是一个摆设，这位魔术师要完成这样的表演需要多么惊人的记忆力！所以说这场表演根本不可能和腹语有关，如果真的是那样，他还需要腹语吗？”

“可这场表演真的是奇迹吗？如果不是，怎样解释呢？”

“这一定不是什么奇迹。但我也不知道其中的奥秘……”

铃声响了，下半场演出马上开始了，大家都各就各位，继续观看演出。

1.4 额外的节目

这时魔术师做了一些让人想不透的事。

他把由一个底座和垂直固定在底座上的木棍组成的一个支架搬到舞台的正中，木棍差不多和成人的身高一样。然后他把椅子放在木棍旁边，让菲利柯斯站在椅子上，并把右胳膊放到木棍顶端，又用一根木棍把男孩的左胳膊托住。

当他做完这一系列令人不解的事以后，又伸出手，在小男孩的脸周围做了很多奇怪的动作，但并没有碰触他，看起来却很像是在抚摸他。

我身后的一个观众说："他在哄小男孩睡觉。"

我左边的女观众不同意那人的说法："他应该是在对小男孩施催眠术！"

当魔术师做完这些动作后，菲利柯斯真的睡着了，他紧闭着双眼，站在那里一动不动。

接下来的事更加令人匪夷所思。魔术师轻轻地抽出了小男孩脚下的椅子，小男孩一下子就悬在空中了，只有胳膊还倚靠在两根木棍上。接着，魔术师又拿开了支着男孩左胳膊的木棍，这时小男孩只有一只胳膊靠在木棍上，但他仍旧一动不动地悬挂在空中，这真是太神奇了！

坐在我旁边的女观众说："这就是催眠术，现在魔术师可以随意让小男孩做任何动作了。"

事实的确如此，因为魔术师把菲利柯斯的身体稍稍移动了一下，这时他和木棍之间就出现了一个角度——菲利柯斯的身体就这样保持着倾斜的姿态，就像没有受到地心引力的作用一样。接着，魔术师又转动了一下菲利柯斯的身体，使小男孩的一只胳膊靠在木棍尾端，这时的小男孩正呈水平状态悬在空中。

我左边的观众说："这个节目应该是额外的节目了，节目单上并没有。"

我好奇地问："什么上没有？"

图 1–9

"节目单上没有啊。"

"可我不明白，如果节目单上没有这个节目，他在舞台上做什么呢？"

"我是说节目单中没有这个节目，那么它就是节目单之外的了。"

"可那个小男孩是依靠着什么力量悬在空中的呢？"

"这个问题我也不知道，肯定是有什么力量在支撑着它。这我就说不清楚了。应该是以某种方式悬起来的吧。在这个位置观看，不可能看清楚支撑他的到底是什么？"

坐在我左边的女观众又说道："这就是催眠术！现在魔术师就要随意摆弄小男孩了。"

坐在我右边的男观众并不认同女观众的话："这怎么可能？就算人被催眠了，可他也不可能悬起来。一定是用透明的变魔术用的细绳把他悬起来的。"

但小男孩的确是在没有任何东西支撑的情况下悬挂在空中的，魔术师还用手在小男孩的身体上面来回划了划，这就证明了小男孩身上并没有使用绳子等之类的东西。然后又在小男孩身体下面也用同样的动作来回划了几下，这也说明小男孩的身体下面也没有任何东西支撑着。

坐在我旁边的女观众得意地大叫："我就说嘛！这就是催眠术。"

坐在旁边的男观众着急地说："这怎么可能是催眠术？这是魔术，没有其他的可能，魔术师会变很多的戏法。"

小男孩就像睡在一张透明的床上一样，呈水平状态稳稳地悬在半空中。

魔术师蒙上小男孩的双眼，走到台前向观众示意，精彩的表演马上就要开始了。

1.5 读心术

魔术师说："下面，菲利柯斯会做一件事，就是在蒙着眼睛悬在空中的状态下，猜出各位观众衣服口袋和钱包里装着什么东西。这就是神奇的读心术。"

接下来发生的事就像魔法一样神奇而不可思议。我着了魔似的坐在座位上，完全想不通这个表演该如何解释。

我现在尽量回忆当时的情景，哪怕并不能回忆起全部的内容。

魔术师又来到观众席间，走到一位观众旁边，让他掏出口袋里的东西，这位观众从口袋里掏出了一个烟盒。

"请大家注意了，菲利柯斯，能不能告诉我，我身边的这个人是什么样的人吗？"

菲利柯斯回答："军人"。

"完全正确，那么他从口袋里拿出了什么东西？"

"烟盒。"

这位军人的座位离舞台太远了，因为剧场里的灯光非常昏暗，所以哪怕菲利柯斯没有蒙住眼睛悬在半空中，他也不可能看清这位军人从口袋拿出的是烟盒。

魔术师兴奋地说道："完全正确。那你猜猜，现在他手里拿着什么东西？"

"火柴。"

"是的！那么现在呢？"

图 1—10

“眼镜。”

菲利柯斯回答得完全正确。

魔术师离开了这位军人，又在一位中学生旁边停下了脚步。

他又向台上的菲利柯斯提出了问题：“请问，现在我身边的这个人是什么样的人？”

“一位姑娘。”

“正确！那你能不能说出，我从她手中拿过了什么东西？”

“梳子。”

“太棒了！现在呢？”

“手套。”

他的回答同样完全正确。

魔术师又走到另一个座位旁边停住脚步问：“现在站在我旁边的人是什么样的人？”

“一位文官。”

“聪明！他在给我看什么东西？”

“钱包。”

这不可能是腹语，魔术师的身边有这么多观众，他们都在仔细观察着他的一举一动。的确没有其他人说话，回答问题的的确是菲利柯斯，他就像对魔术师脑海里的想法了如指掌。

这时我又听到了一个更让人神奇的问题。

“你猜猜我从钱包里拿出了什么？”

“3个卢布。”

完全正确。

“能不能告诉我，现在呢？”

“10个卢布。”

“聪明！我现在拿着什么东西？”

“一封信。”

“现在我来到什么人旁边？”

“一位大学生。”

“太棒了！告诉我，他在给我看什么东西？”

“一张报纸。”

“那么你猜猜看我从他那里拿到什么？”

“一枚别针。”

图 1—11

观众们紧张地看着表演，菲利柯斯在这样的气氛中继续猜答着，一次错误都没有出现，甚至在回答问题的时候他没有一丝的迟疑和停顿。

菲利柯斯是不可能在台上看到魔术师手里的别针的，那么这个表演该如何解释呢？是超自然的力量吗？是预言家吗？是读心术吗？有这些可能性吗？

一直到演出结束，这些问题仍然困扰着我。

从剧院出来后，我走在回家的路上，头脑里一直在琢磨着这些问题，这场神奇的猜答冲击着我的思想，使我久久不能进入梦乡。

1.6 楼上的小伙子

两天后，我回家时看到一个小男孩走在我前面，他前不久随一位年老的亲戚住到了我的楼上，他们很孤僻，从不和别人接触，到现在为止，他都没有和我说过一句话，他长得什么样我都没看清过。

小男孩一手拎着煤油瓶，另一只手提着一篮子蔬菜，不紧不慢地顺着楼梯向上走，听到我在他身后的脚步声，就转过头来看我——我终于看清了他的脸，居然是菲利柯斯……这使我惊讶地说不出话来！

难怪我总觉得台上的那个小男孩看起来那样面熟！

我一声不响地看着他，不知道该说些什么，过了一会儿，我缓过神来，结结巴巴地说："欢迎你来到我家做客……我收集了很多蝴蝶标本……你想看吗？……有蝴蝶和飞蛾……我还自己动手用瓶子做了一台电机……那电火花特别漂亮……你来我家就能看到……"

"你会做小船？带帆的那种？"

"我没有小船。罐子里有北螈……还有邮票，我有一整本的集邮册，收集了很多稀有的邮票，婆罗洲和冰岛的都有……"

我万万没有想到，这本集邮册帮了我的大忙。原来菲利柯斯非常热爱集邮，他听到集邮册，一下子就来了精神。

他走到我面前问我："你有很多邮票吗？"

"是的，我有很多特别的邮票：尼加拉瓜的、阿根廷的、古代芬兰的……今晚就来我家吧！我们就住在这套房子里。你来的时候按一下门铃就可以了。我有属于自己的房

图 1—12

间，今天晚上老师也没有布置任何作业……"

这就是我和菲利柯斯的第一次见面，他答应明晚到我家来。第二天天快黑时，他终于来了。我热情地把他拉进房间，让他看我的那些宝贝，我收集的60只蝴蝶标本，这是我用两个夏天的时间收集到的；还有一件我非常自豪的东西，就是用啤酒瓶做的电机，朋友们都说我棒极了。去年夏天捕的四只北螈[①]，放在了一个玻璃瓶子里；还有一只玩具猫谢尔科，毛茸茸的，像小狗一样可爱。最后是集邮册，我们班上的同学没人有这样的集邮册。菲利柯斯最喜欢这些邮票，他收集的邮票很少，连我的十分之一都不到。他告诉我为什么收集邮票对他来说这么困难，虽然商店里也有出售，但他舅舅不给他钱（菲利柯斯父母都去世了，他是个孤儿，魔术师是他的舅舅，他和舅舅一起生活）。因为他认识人非常少，所以他根本没有可以交换邮票的人，也没人给他写信。他没有固定的住址，总是经常搬家，过着居无定所的生活。

我问他："你为什么没有熟识的人？"

"不可能有的。刚和一个人熟识了，就要搬到别的地方去了，从而中断了联系。我们不会在一个城市待很久，也不会再回到这个城市。而且舅舅不愿意让我和别人来往，就是来你这儿也是我背着他来的，现在他不在家，所以他并不知道我来这里了。"

图 1—13

"为什么你舅舅不希望你和别人来往呢？"

"他怕我把秘密说出去。"

"什么秘密？"

"就是魔术的秘密。如果别人

①北螈为蝾螈的一种，属两栖动物。

知道魔术的秘密了，就没人来看我们的表演了。”

“难道这些表演真的都只是魔术吗？”

菲利柯斯没有说话。

我继续追问道：“你和你舅舅表演的真的只是魔术吗？真的吗？”

想让菲利柯斯回答我这个问题真的太难了，他只是一声不吭地翻看着集邮册，不再看我。

过了一会儿，他终于开口了，“你有阿拉伯的邮票吗？”他就像没有听到我的问题一样，仍然在仔细翻着集邮册。

我想，让他回答我的那些问题是不可能的了，于是就让他欣赏我的宝贝。

那天晚上，在菲利柯斯的口中，我并没有知道这个世纪奇迹的秘密。

1.7 惊人记忆力的秘密

第二天，我的目的终于达到了。菲利柯斯告诉了我超凡记忆力的秘密。在这里，我就不详细讲述我是怎样用 12 枚最珍爱的特别邮票来诱惑他的，使他最终没能抵住诱惑而向我说出了魔术的秘密。

事情发生在菲利柯斯的家中。菲利柯斯前一晚上就知道他舅舅会出门，于是约我晚上去他家做客。

菲利柯斯在告诉我秘密之前一再让我保证，不管是因为什么原因，都不能向任何人说出这个秘密。然后他就在一张纸上画了一个表格。

我一头雾水地看着表格，又看看菲利柯斯，希望他能给我详细地讲解一下。

菲利柯斯开口了，他很是神秘地说道：“你看，我们用字母来代替数字。‘H’代表‘0’，也可以用‘M’表示，因为‘0’的第一个字母是‘H’”。

“那么用‘M’表示‘0’的原因呢？”

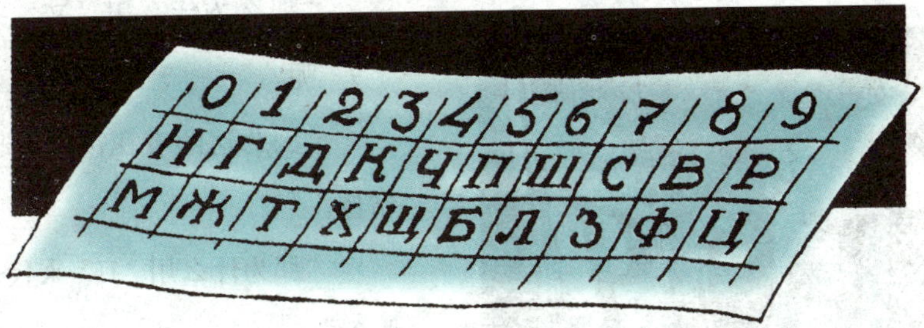

图 1—14

“因为它们的发音非常相像。用字母‘Г’代替‘0’，是因为它们的写法相像。”

“那么，为什么用‘Ж’代替‘1’呢？它们之间有什么联系？”

“它们也是发音相像，‘Г’发生音变时就是‘Ж’”。

“我知道了。数字‘2’用字母‘Д’来表示，是因为‘2’的第一个字母是‘Д’。而‘Т’和‘Д’发音相像，所以它也可以代表‘2’。那么，为什么用‘К’来代表‘3’呢？”

“因为‘К’是由三笔写成的。‘Х’和‘К’发音很像，所以都可以用来代表‘3’”。

“哦，原来如此。那么和‘4’相对应的就是字母‘Щ’或是和它发音相似的‘Ч’①。数字‘5’对应的就是字母‘П’或是和它发音相似的‘Б’②；数字‘6’用字母‘Ш’③表示，可为什么‘6’也可以用‘Л’来表示呢？”

“这个倒没什么特别的意义，只要记住‘6’是用‘Л’来表示就可以了。而用‘С’和‘З’④来代表‘7’，用‘В’和‘Ф’来代表‘8’⑤的原因非常简单。”

①译者注：数字“4”在俄语中的第一个字母是“Ч”。

②译者注：数字“5”在俄语中的第一个字母是“П”。

③译者注：数字“6”在俄语中的第一个字母是“Ш”。

④译者注：数字“7”在俄语中的第一个字母为“С”，它的发音与“З”相似。

⑤译者注：数字“8”在俄语中的第一个字母为“В”，它的发音与“Ф”相似。

图 1—15

“那么为什么用‘P’来表示‘9’呢？”

“因为这两者在镜中看起来非常像。”

“那为什么用‘Ц’来代表‘9’呢？”

“因为它们两个看上去很像，都有个小尾巴。”

“要把这个表格记住倒是不难，但它有什么用呢？”

“不要着急。这个表格中只有辅音字母，因为元音字母并不能表示数字，只有把辅音字母和元音字母结合在一起才行，这样就能表示数字的单词了。”

“比如说呢？”

“比如说‘窗户’吧，可以用‘30’来表示，数字‘3’用‘K’来表示，‘0’用‘H’表示。”[①]

“每个单词都能用数字表示吗？”

“是的。”

“桌子用什么数字来表示？”

“736：‘C’对应‘7’，‘T’对应‘3’，‘Л’对应‘6’[②]。每个单词都有相对应的数字，当然要掌握这个可不是简单的事。你多大年纪？”

“12 岁。”

“那就可以用单词‘年纪’来表示：‘Г’对应‘1’，‘Д’对应‘2’。”[③]

“如果我今年 13 岁呢？”

①译者注：“窗户”这个单词在俄语中包含“K”和“H”。
②译者注：“桌子”这个单词在俄语中包含“C”、“T”和“Л”。
③译者注：“年纪”这个单词在俄语中包含“Г”和“Д”。

“那可以用‘甲虫’表示：‘Ж’对应‘1’，‘K’对应‘3’。”①

我随意说出了一个数字：“‘453’呢？”

“长烟斗杆。②”

“太有意思了。有了这些，你就能记住数字了。可你表演时，并不是记数字，而是记单词啊？”

“舅舅把从1～100的数字都配上了单词。拿1～10的数字来说吧，它们对应的单词是：

1……刺猬，2……毒药，3……奥卡河，4……白菜汤，5……墙纸③，6……脖子，7……胡子，8……柳树，9……鸡蛋，10……火焰④。”

“我不明白‘顺序数词’的意思？”

“这个是比较难理解的。因为‘1’是用‘Ж’来表示，所以‘刺猬’表示‘1’，‘毒药’表示‘2’，‘奥卡河’表示‘3’，‘白菜汤’表示‘4’……”

“我懂了！因为‘Б’表示‘5’，所以‘墙纸’可以表示数字‘5’……”

“是的，就是这样，你看到了，要记住这些单词是很简单的事，如果你记住这10个单词后，那么不管别人说出10个什么样的单词，你都能把它们联系在一起。”

“我不懂，如何把它们联系在一起呢？”

“好，你可以随便说出10个单词，我解释给你听。”

我在纸上写下了10个单词：雪、水桶、笑声、城市、图画、靴子、汽车、绳子、黄金、死亡。

---

①译者注：“甲虫”这个单词在俄语中包含“Ж”和“K”。

②译者注：“长烟斗杆”这个单词在俄语中包含“Ч”——“4”、“Б”——“5”和“K”——“3”。

③译者注：在俄语中，单词“刺猬”中含有字母“Ж”，单词“毒药”中含有字母“Д”；单词“奥卡河”中含有字母“K”；单词“白菜汤”中含有字母“Щ”；单词“墙纸”中含有字母“Б”。

④译者注：在俄语中，单词“脖子”中含有字母“Ш”，单词“胡子”中含有字母“C”；单词“柳树”中含有字母“B”；单词“鸡蛋”中含有字母“Ц”；单词“火焰”中含有字母“Г”和“H”。

“当我听到这10个单词的时候，就会把每一个单词和一个相应的顺序数词联系在一起，就得到了下面这样的结果。

1．一只刺猬在雪地上跑。

2．水桶里装着毒药。

3．奥卡河上的笑声。

4．城市里的人在喝白菜汤。

5．墙壁上挂着图画。

6．靴子挂在脖子上。

7．胡子卡在汽车里。”

“胡子怎么会卡在汽车里？这太莫名其妙了！”

“没关系的，听起来莫名其妙的事更容易记住。为什么‘刺猬在雪地上跑？靴子会挂在脖子上？这些句子听上去的确莫名其妙，但却能让你很快记住。”

“嗯，那么‘柳树’和‘绳子’怎样联系在一起呢？”

“柳树和绳子一样高。”

“可‘鸡蛋’和‘黄金’看起来完全没有相似的地方，如何把它们联系在一起呢？”

“黄金和鸡蛋黄的颜色很像。”

“那‘火焰’能导致‘死亡’？”

“可以这样想。把这些单词组合在一起后，只要记住每个单词所对应的顺序数字所代表的单词，就能把整个单词表背出来了。”

“一只刺猬在雪地上跑、水桶里装着毒药、奥卡河上的笑声、城市里的人在喝白菜汤。”

“等等，我来试试剩下几个：墙壁上挂着图画、靴子挂在脖子上、胡子卡在汽车里……”

“你现在知道那些莫名其妙的句子能帮我们多大的忙，那第8个单词是什么？”

“8：柳树和绳子一样高；9：黄金和鸡蛋黄的颜色很像；10：火焰能导致死亡。”

菲利柯斯问：“你现在说出第5个单词是什么？”

“5……墙纸……图画”。

“现在你把这10个单词按着倒序背出来。”

图 1—16

起初我并不相信，可我却真的准确地把所有的单词按着倒序背了出来，这让我非常吃惊。

我控制不住内心的喜悦说：“太棒了，我也能表演魔术了。”

“不要忘了，你答应过我的事。”

“我知道，你放心，我只是太高兴了，说说而已。可你在台上背出来的是100个单词，而不是简单的10个。你是怎样记住的呢？”

“方法是一样的，只要记住100个数字所对应的单词就可以了。”

“那11～20所代表的单词是什么？”

菲利柯斯写下了以下这个组合：

11……绒鸭，12……坏蛋，13……甲虫，14……渣子，15……嘴唇，16……针，17……鹅，18……龙舌兰，19……山，20……房子。

菲利柯斯解释说：“其实这些单词并不是规定的，也可以用其他的，你可以找些其他的单词。比如说我们用‘毒药’来代替‘2’，其实也可以用‘鱼竿’代替。只是‘鱼竿’和‘2’的关系不太明显，于是舅舅把‘鱼竿’换成了‘毒药’。我们曾用‘晚饭’代替‘10’，我却用‘火焰’来代替。其实‘龙舌兰’就不是一个很准确的单词，可舅舅还没有想到比它更好的。”

图 1–17

“可是要记住100句话也不是一件简单的事啊？”

“其实只要经常练习，就会简单多了。上次表演时那些观众给出的100个单词，我现在还记得。”

“那你还记不记得我写的那些单词。”

“序号是什么？”

“68、69、70。”

“完全正确，你是怎样记住的呢？”

“哦，是这样的：‘68’对应着‘锡’，‘69’对应着‘椴树’，‘70’对应着‘睡觉’。用锡无法造出铅笔刀，一个人在椴树下躲雨，睡梦中梦到了火灾。”

“那你要记住这些单词是否需要很长时间吧？”

“上次表演之前……舅舅回来了！”菲利柯斯从窗户向外望去，看到舅舅走进了院子，他吓得赶紧催促我，“你快点离开。”

我顺利地回到了自己的房间，就在魔术师走进楼梯之前。

1.8 读心术的秘密

读心术的秘密我已经知道了一半，这让我非常开心，所有的观众中，只有我一个人知道其中的秘密。

第二天，我知道了这个秘密的另一半。为了知道这些，我把用两年时间收集的所有邮票都送给了菲利柯斯。但我并不觉得遗憾，因为我那段时间正对实验和设备着迷，已经不那么喜爱集邮了。

我再次向菲利柯斯发誓保守秘密之后，他才告诉我，他和舅舅之间有一套事先说好的暗语，用这些暗语，他们就可以在有观众的公开场合进行对话，而对于这一点，观众是万万想不到的。下页的表格中就是这套暗语的一部分。

用来提问的词语	表示的意思		如果之前已经说过“聪明”这个词了，那么表示的意思则是：
怎样，什么样的	一戈比或一卢布	文官 	文件夹 
现在，什么，哪里	2 戈比或 2 卢布	大学生 	钱包 
那你猜猜看	3 戈比或 3 卢布	姑娘 	铜币 
正确！请	5 戈比或 5 卢布	水兵 	头巾 
你能不能	10 戈比或 10 卢布	军人 	信封 
推断一下	15 戈比	妇女 	银币 
请问	20 戈比	小姑娘 	铅笔 
好样的，试试	外国硬币	小男孩 	纸烟 

图 1—18

这个表格的意思我没有看懂，菲利柯斯就把他和舅舅使用这套暗语对话的方法告诉了我。如果一位女观众把钱包给了舅舅，那么舅舅就会这样对台上的菲利柯斯提问：

“你知道是谁给了我什么东西吗？”

“知道”在他们的暗语中指的是“妇女”，菲利柯斯就会回答：“一位妇女。”

舅舅就会说：“聪明！现在告诉我这是什么东西？”

在他们的暗语中，“聪明”和“现在”指的是钱包。菲利柯斯回答正确后，舅舅会接着问：

“聪明！能不能说出我从钱包里拿出了什么？”

菲利柯斯回答：“一封信。”因为在他们的暗语中，“聪明”和“你能”组合在一起，暗示的就是这个意思。

“聪明！那你再猜猜，现在我手里拿着什么东西呢？”

菲利柯斯回答：“一枚铜币。”在暗语中，“聪明”和“猜猜”组合在一起指的是铜币。

“是的，猜一猜这枚铜币的面值？”

“3 戈比”。

“聪明！那么我现在拿着什么东西？”

“铅笔。”

“完全正确。”

“我从谁那里拿的？”

“一名水兵。”

“好样的！他现在给了我什么东西？”

“一枚外国硬币。”

因为他们利用提前准备好的暗语，舅舅可以随意提问。“聪明”、“正确”、

“好样的”这类的称赞词，还有“你能”、“知道”、“猜猜”这类单词非常常见，不会引起观众的注意，当然也就不会被人怀疑。

还有另一个暗语表，也是事先准备好的。表格中的单词几乎包括观众口袋里的所有物品，这就使得魔术师不至于措手不及。

这些还不是全部的秘密。他和他的舅舅还会用其他的词汇来表示下面图表中的物品，这样是为了受邀到观众的家中进行表演。

他们只要把这个表格牢牢记住，就可以进行精彩的表演了。菲利柯斯闭着眼睛就可以猜出观众口袋里的东西是什么。他们的对话方式大致如下：

“现在观众中的哪一位站起来了？”

“大学生。”（“现在”在图中表示“大学生”）

“他在往哪走？”

“食品柜。”

“是的，现在他走到了什么东西旁边？”

“炉子。”

“完全正确！现在他在往什么地方走？”

“客厅。”

他们还有一套专门的暗语，是用来猜测手指头和扑克牌的：大王、2、3、5、10与1戈比、2戈比、3戈比、5戈比和10戈比的表示方法相同，4和15戈比的表示方法相同，6和20戈比的表示方法相同。以此类推。

总而言之，整场表演都是事先准备好的，连细节都计划得很好。只要把这套暗语记熟了，他们就能表演出让观众感到不可思议的读心术。

虽然现在在我的心里，读心术已经是非常简单的事了，但我再次回忆起它的时候，仍然为其中蕴含的智慧而震惊。如果让我猜，我永远也无法猜出其中的奥秘，仅管我用了所有的邮票换来了这个秘密，但我认为是非常值得的。

用来提问的词语	之前已经说过的词语			
	正确	太好了	好	太棒了
	那么意思 就是			
怎样，什么样的	烟盒 	戒指 	手表 	扇子 
现在，什么，哪里	雪茄 	胸针 	眼睛 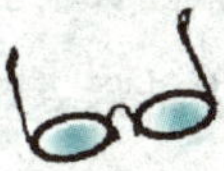	手套 
那你猜猜看	火柴 	勋章 	夹鼻眼镜 	帽子 
正确！请	打火机 	小坠子 	烟嘴 	大沿帽 
你能不能	火柴盒金属套 	簪子 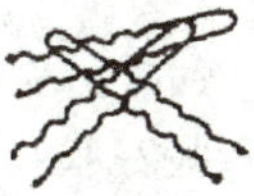	梳子 	拐杖 
推断一下	烟灰缸 	金属帽 	照片 	书 
请问	缝纫针 	小刀 	花 	报纸 
好样的，试试	大头针 	鹅毛笔 	刷子 	杂志 

图 1—19

我还有一件事想不通，菲利柯斯是怎样悬在空中的？他只有一只胳膊靠着木棍，是怎样平躺着悬在空中的？别人都认为是催眠术，可到底是什么力量呢？为了解答这个问题，菲利柯斯从抽屉中拿出一件奇怪的东西，一根带有几个圈状物和几根皮带的厚厚的铁条。

菲利柯斯平淡地说："我就是靠这个东西支撑着的。"

我还是不懂，疑惑地问："你是说你能躺在这个东西上面吗？"

"我是把它穿在衣服里面的，不信你看？"他利索地把一只手和一只脚伸进圈状物中，把皮带紧紧地系在胸部和腰部，"如果现在把铁条的这一端插进木棍，我就能悬在空中了。至于我是躺在什么东西上的，别人当然是看不出来了，舅舅就是这样把我装备好的。这样躺着很舒服，一点也不觉得累，睡觉也没有问题的。"

"那天表演时，你难道没有睡觉？"

"我怎么会在舞台上睡着呢？我只是闭上了眼睛，是舅舅让我这样做的。"

这时，我突然想起演出当天坐在我旁边争吵的几个观众，不禁哈哈大笑，原来这才是真相。

离开之前，我又再次庄重地向菲利柯斯保证，绝不会向任何人说出这些秘密，然后才离开他的房间。

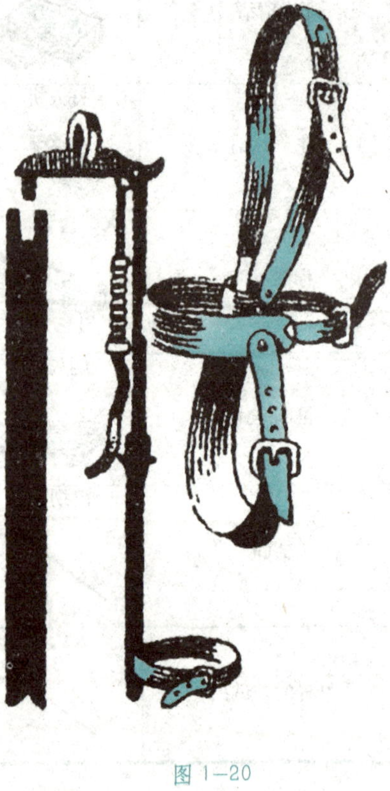

图 1—20

第二天，我在窗边看到，菲利柯斯和他的舅舅乘马车去了车站。《世纪奇迹》的演出也永远地离开了我的家乡。

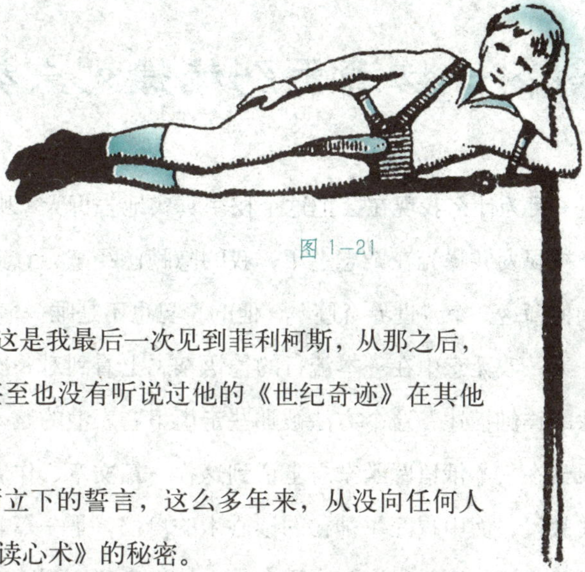
图 1—21

我当时根本没想到，这是我最后一次见到菲利柯斯，从那之后，我们再也没有见过面，甚至也没有听说过他的《世纪奇迹》在其他城市有演出的消息。

我信守着对菲利柯斯立下的誓言，这么多年来，从没向任何人提及《惊人记忆力》和《读心术》的秘密。

图 1—22

1.9 一切源于别赫捷列夫教授的文章

可为什么我现在会把这个秘密真实地告诉大家呢？那是因为这个秘密已经被揭发并曝光在杂志上了，我的隐瞒已经毫无意义了。世界上不再只有菲利柯斯这一个“世界奇迹”，他的舅舅也不是唯一懂得其中奥秘的魔术师了。一天，我无意中在一本流行的德语杂志上看到对一次性记忆大量单词具体方法的详细描述，这个方法被那些走街串巷表演的魔术师们广泛采用。不久，我又在一本俄语医学杂志上读到这样一篇文章，作者是俄国著名的别赫捷列夫教授，文中揭开了神秘的读心术的奥秘，是一篇非常有教育意义的文章，虽然你已经不觉得这其中还有什么让你意想不到的事，但我还是把它摘录了下来。

1916年春，一家剧场发出了这样的通知：一位神奇的女演员要来此地演出，她有预知能力，能知道别人心中的想法。演出的过程是这样的：台上走来一个11岁左右的小姑娘，工作人员给她搬过来一张椅子，小姑娘在椅子背后静静的站着，一只手扶着椅子的靠背，然后工作人员把她的眼睛用手绢蒙上了。现在，表演开始了，小姑娘的父亲走到观众席间，他向台上的小姑娘提问：他摸了观众的什么东西。小女孩听到提问后，立刻就能准确地回答出物品的名称，她回答问题的速度快得惊人。

他的父亲走到我旁边，问小姑娘：“这位是谁？”

小姑娘快速地回答：“教授。”

“他叫什么名字？”

小姑娘准确地回答出我的名字。

我从口袋里拿出一本杂志《医学日历》，小姑娘的父亲又向她提出问题，让她猜我拿出的是什么，小姑娘立刻回答："日历。"

小姑娘精彩的表演赢得了观众们雷鸣般的掌声。

教授想知道其中奥秘，就邀请小姑娘和她的父亲在一个只有几个观众的地方再进行一场演出。

他非常礼貌地答应了教授的请求。——教授接着写：

我和几位兴趣浓厚的观众一起来到了剧院办公室。

在这里，我向小姑娘提了几个不同的问题，我发现她有些局促不安，我问她能不能在这里再进行一次猜物品的实验，小姑娘想了想说，她需要适应的过程。我又询问她的父亲，这个适应过程要多久，她的父亲回答说要一个月左右。

后来，我又让这个小姑娘做了几次猜物品的试验，她都没有猜对。于是我又让她和她的父亲表演。我坐在椅子上，让这个小姑娘站在这张椅子的后面，小姑娘的父亲站在我前面不远处，根据其他几位观众展示给他的物品向小姑娘提问，这时父亲刚提问完，小姑娘就能回答出来，回答得完全正确。但他的父亲提问之后就不再说话了，并没有给她任何提示。

教授看完表演后，对其中的奥秘更加感兴趣，他邀请这对父女到自己的家里演出，小姑娘的父亲想了想后，就答应了。他们约好了时间，可这两位客人却没有如约而至，教授立刻赶往演出现场，当晚这对父女正在那里表演《读心术》。

这个故事的结局很让人意外，教授把它记录了下来：

我刚走进剧院的院子，就被一位男士拦住了，他称自己是一位医生，很了解这家剧院，和这对父女也有很深的交情。他说这对父女之所以没有赴约，是因为他们要演出。现在，观众们正为这个小姑娘的神奇而吃惊赞叹，认为这是一种非常神奇的力量，可我是研究科学的人，他们的把戏不可能骗得过我的眼睛，上次在剧院办公室的时候，因为在场人太多，所以那位父亲什么都没说，如果当时只有我一个人在场，他一定会把演出的秘密告诉我。

其中的秘密就是：小姑娘的父亲用特殊的提问方式来表示日常物品，他用这些特殊的提问向小姑娘提示，连字母和数字都有相应的特殊暗语。小姑娘把这些暗语都熟记于心，然后根据父亲的提问方式准确地回答问题。比如：烟盒、火柴盒、皮带、勋章、书籍、车票等。还有一些常见的人名：尼古拉、亚历山大、弗拉基米尔、米哈伊尔等，都有预先准备好的暗语；也就是说，父亲的提问中都包含了表示特定的字母和数字的词汇。

举个例子说吧，如果要猜数字37，约定的暗语就是："请准确地告诉我。""告诉我"指的是"3"，"准确地"指的是"7"。在猜那位军官的皮带上的数字时，如果父亲提问："请你准确地告诉我，"小姑娘就会回答："37"。如果要猜测的数字是"377"，那么父亲的提问就是："请准确地告诉我，准确地……"；如果这个数字是"337"，那么父亲的提问就成了："请准确地告诉我，告诉我……"

预先准备好的暗语，都是用一些日常用语代表一些日常物品，比如说："什么"表示的是"手表"；"什么样"就是指"钱包"；"这是什么"就是代表"梳子"。如果父亲这样提问："口袋里是什么？"答案就是"手表。"如果他这样问："口袋里是什么样的东西？"答案就是"钱包。"如果他这样问："这是什么东西？"那么答案就是"梳子"。如果要把暗语转换成数字或字母时，就要用另一套预先准备好的暗语了，如果父亲提问："你仔细考虑考虑。"这就暗示了小姑娘，下面要按照字母表来组词汇回答问题了。

第2章

数字天才

2.1 最合算的交易

讲述这个故事的人并没有说出这个故事发生的时间与地点。也可能这个故事本身就是虚构的。但它真的非常有趣，我详细地讲给你听听。

一

这一天，一位陌生人来到了一位百万富翁的家中，他和百万富翁商议，要和他做一笔交易——一个百万富翁从未听说过的金钱交易。

陌生人说："明天开始，我会每天给你送来1000卢布，一直送一个月。"

百万富翁认真地听着，陌生人却不往下说了。

图2-1

“接着说啊！这是真的吗？可你为什么要这么做呢？”

“第一天，你只要付 1 戈比买我这 1000 卢布[①]就可以了。”

富翁吃惊地重复了一遍陌生人的话：“1 戈比？”

“是的，先生，第二天，你只要付 2 戈比买下我的 1000 卢布。”

富翁着急地问：“以后呢？”

“以后嘛，第三天，你要付 4 戈比买下我的 1000 卢布第四天，你要用 8 戈比买下我的 1000 卢布，第五天是 16 戈比。也就是说，这一个月内，你每天需要支付给我的金钱是前一天的 2 倍。”

“只是这样而已吗？”

“当然了先生，除此之外，再无其他了。只希望您能遵守诺言，我每天都会给您送来 1000 卢布，您也要按照我们的约定付钱给我，一个月的期限没到时，绝不能中途毁约。”

百万富翁心想，你给我 1000 卢布，却只让我给你 1 戈比。也许你的钱是假的，要么你就是个疯子。

富翁想过之后说：“好的，就这么说定了，我会严格按照约定付钱的，你可不要拿假钱来哄骗我。”

“请您放心。明天早上我会准时来的。”

陌生人走后，百万富翁一直都在苦苦思索，这个陌生人明天到底会不会来呢？也许他再也不会出现了？真想不明白，自己做的是一件多么愚蠢的事……

二

第二天一早，那个陌生人就来到了富翁家中。

陌生人敲着富翁家的窗户说：“我把钱带来了，请您把该付给我的钱准

① 1 卢布为 100 戈比。

备好。”

陌生人真的把钱带来了，是货真价实的1000卢布，他说：“这是我该给您的钱，现在请您把该付给我的钱给我吧。”

图 2-2

百万富翁把1个戈比放在桌上，他紧张地看着陌生人，他会不会反悔呢？不要这枚银币而要回自己的1000卢布？陌生人拿过1戈比的银币，放在手中把玩了一下就放进口袋说：“明天我会准时到来，请准备好我的2戈比。”说完就转身离开了。

对于这1000卢布的意外之财，富翁简直不敢相信，他仔细清点了陌生人带来的钱，的确都是真钞。他非常开心地把钱收好后，就满怀期待地等着明天的1000卢布了。

晚上，百万富翁又开始思考这件事了，他会不会是一个强盗呢？还是想知道我的钱放在哪里了，然后再找机会入室抢劫？富翁把房门关好，整个晚上都警惕地听着外面的动静，久久不能入睡。

第二天早上，陌生人又带着钱准时来到富翁家中，他把1000卢布交给了富翁，把富翁交付的2戈比装进口袋离开了，临走时说：“明天早上请准备好4戈比。”

富翁高兴极了，他又轻轻松松地得到了1000卢布。这时他已经断定，这个陌生人绝对不是什么强盗，因为他并没有对富翁的家仔细观察，也没有多余的话，只是拿走富翁该付的那些戈比。真是个怪人！如果世界上这样的人多一些，更多的人就有好日子过了。

第三天早上，陌生人又准时出现，他把1000卢布留下，拿走了富翁交付的 4 戈比。

第四天早上，陌生人又用自己的 1000 卢布换走了富翁的 8 戈比。

第五个 1000 卢布也拿到了——支付了 16 戈比。

第六个 1000 卢布——支付了 32 戈比。

周末时，这个富翁已经得到了 7000 卢布，而他只付出了 1 + 2 + 4 + 8 + 16 + 32 + 64 = 1 卢布 27 戈比。

贪婪的富翁爱上了这场交易，他甚至后悔为什么只和陌生人约定了一个月的期限，这样的话，到一个月期满时，他只能得到 3 万卢布，能不能说服这个陌生人把期限再延长些呢？即使延长两三个星期也可以？想到这儿，他又开始苦恼，如果那个陌生人突然想明白了，知道自己的这些钱都白给了怎么办？

陌生人仍然每天早上准时送来 1000 卢布。第八天早上他得到了 1 卢布 28 戈比；第九天，2 卢布 56 戈比；第十天，5 卢布 12 戈比；第十一天，10 卢布

图 2–3

24 戈比；第十二天，20 卢布 48 戈比；第十三天，40 卢布 96 戈比；第十四天，81 卢布 92 戈比。

对于付给陌生人钱，富翁是非常乐意的，因为这时他已经得到了 14000 卢布，而只付给了陌生人 150 卢布。

三

可富翁并没有开心多久，因为不久他就发现，这个陌生人并不是疯子，和他的这笔交易与当初想象的不一样，并不是有利可图的。在第三个星期的时候，他就要为这 1000 卢布支付几百卢布了，而不再是多少戈比，而且随着时间增长，他要支付的数目也在飞速地增长。从第三个星期开始，富翁每天支付的金钱为：

第 15 个 1000 卢布：163 卢布 84 戈比；

第 16 个 1000 卢布：327 卢布 68 戈比；

第 17 个 1000 卢布：655 卢布 36 戈比；

图 2–4

第 18 个 1000 卢布：1310 卢布 72 戈比。

从这时开始，他们的交易对富翁来说已经没有利润可图了，他每天得到 1000 卢布，却要支付比这更多的钱。可他无法违背诺言，只能咬着牙坚持到期限结束。这时，富翁还没有认为自己会亏本，因为到目前为止，他已经得到了 18000 卢布，却只支付了 2500 多卢布。

可接下来的日子里，富翁终于知道这个陌生人实在太精明了，他得到的钱远远多过自己付出的钱，但这一切都太晚了。下面是富翁每天支付给陌生人的金钱：

第 19 个 1000 卢布：2621 卢布 44 戈比；

第 20 个 1000 卢布：5242 卢布 88 戈比；

第 21 个 1000 卢布：10485 卢布 76 戈比；

第 22 个 1000 卢布：20971 卢布 52 戈比；

第 23 个 1000 卢布：41943 卢布 4 戈比。

到此为止，百万富翁为第 23 个 1000 卢布所支付的钱，比他在这之前得到的总数还多。

接下来到了一个月的最后一个星期，这最后 7 天的时间就使得富翁破产了。下面是他每天为 1000 卢布支付的金钱：

第 24 个 1000 卢布：83886 卢布 8 戈比；

第 25 个 1000 卢布：167772 卢布 16 戈比；

第 26 个 1000 卢布：335544 卢布 32 戈比；

第 27 个 1000 卢布：671088 卢布 64 戈比；

第 28 个 1000 卢布：1342177 卢布 28 戈比；

第 29 个 1000 卢布：2684354 卢布 56 戈比；

第 30 个 1000 卢布：5368709 卢布 12 戈比。

当这个陌生人最后一次离开富翁的家时，富翁计算了一下，自己这一个月只得到了 3 万卢布，却支付给了陌生人 10737418 卢布 23 戈比。

图 2—5

1100 万卢布，这样庞大的数字是从 1 戈比开始的，即使陌生人每天送来 1 万卢布，他仍是有利可图的。

四

这个故事结束之前，我想教大家一个可以快速计算出富翁的损失的方法，就是计算下列数列相加结果的简便方法：

1 + 2 + 4 + 8 + 16 + 32 + 64 + ……

仔细观察就可以发现，这些数字有这样的特点：

2 = 1 + 1

4 = （1 + 2） + 1

8 = （1 + 2 + 4） + 1

16 = （1 + 2 + 4 + 8） + 1

32 = （1 + 2 + 4 + 8 + 16） + 1

……

也就是说，这一数列中的每个数字都是它前面符合这个规律的数字相加的和再加上 1。所以想要计算这个数列的和，例如要计算从 1 到 32768，只要把最后一个数字（32768）与它前面所有按 2 倍递增的数字之和相加就可以了（就是 32678 － 1）。计算得到的结果为 65535。

因此只要知道百万富翁最后一天支付的钱数，就可以用这种方法轻松的计算出他的损失了。富翁最后一天支付的钱为 5368709 卢布 12 戈比。把 5368709 卢布 12 戈比加上 5368709 卢布 11 戈比，就得到了 10737418 卢布 23 戈比。

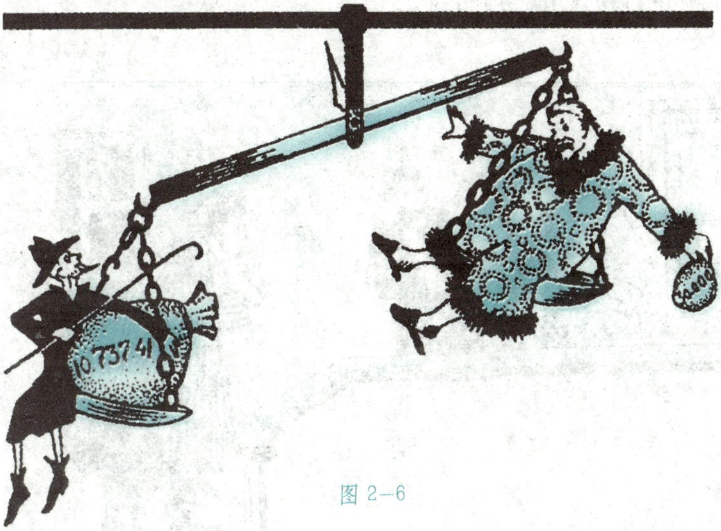

图 2—6

2.2 镇上的流言

在城镇里，流言散播的速度快得惊人，几个人在一起聊了一件事，两个小时内，整个镇上的人都知道了。

这个速度非常惊人且神奇，但如果用计算机来计算一下的话，它就变得不再惊人和神奇了，所有的东西都能用数字来解释，而不是指流言本身的特点。

一

以下面这件事为例，我们来分析一下：早上 8 点时，镇上来了一个外乡人，他知道一个非常热门的消息，他住在酒店里时，把这个消息告诉了 3 个本地的居民，讲述的过程只用了 15 分钟。

图 2–7

图 2—8

也就是说，早上 8 点 15 分的时候，只有 4 个人知道这个消息，外乡人和 3 个本地人。

3 个当地居民知道消息后又分别把它说给了另外 3 个人听，假设这个过程也要 15 分钟，这个时间并不短。

也就是说，半小时后，镇上知道这个消息的人为

$4+3\times3=13$

而这 9 个人又在同一时间内分别告诉了另外 3 个人，所以到 8 点 45 分时，知道这个消息的人数是 $13+9\times3=40$ 人。

如果每个人知道消息后都会以这种方式在 15 分钟之内传播给另外 3 个人，那么这个消息传播表为：

9 点钟时知道这个消息的人数为 $40+27\times3=121$

9 点 15 分：$121+81\times3=364$

9 点 30 分：$364+243\times3=1093$

在消息散播出来一小时后，已经有 1100 个人知道了。对于一个有 5 万人口的城镇来说，这个数字并不惊人，但请继续看这个消息传播表：

9 点 45 分：$1093+729\times3=3280$

10 点钟：$3280+2187\times3=9841$

10 点 15 分后，全镇中已经有一半人知道了这个消息：$9841+6561\times3=29524$。

图 2-9

早上 8 点时，只有一个人知道这个消息，可两个多小时后，就几乎人尽皆知了。

二

其实我们可以把下面这个算式简化，得到：

$1+3+3\times3+3\times3\times3+3\times3\times3\times3+\cdots\cdots$

那么，可不可以像前面的数列 $1+2+4+8+\cdots\cdots$一样快速计算出结果呢？其实只要知道这个算式有以下的特征，就完全可以对它进行转换，

$3=1\times2+1$

$9=(1+3)\times2+1$

$27=(1+3+9)\times2+1$

$81=(1+3+9+27)\times2+1$

……

那么，这组数列中的每个数字都和它前面所有符合规律的数字之和乘以 2 再加上 1 是相等的。

所以要计算从 1 到某数字的数列之和，只要把最后一个数字和它自身的一半相加就可以了（先把这个数字减去 1）。

例如：$1+3+9+27+81+243+729=729+(729-1)\div2=1093$。

三

在这个事例中，每个人都把自己知道的消息告诉另外 3 个人，但如果这里的居民非常善谈，也有可能不只告诉 3 个人，而是 5 个或 10 个人，那样的话，消息传播的速度就更快了。如果传播人数按 5 人计算，则：

8 点：1 人

8 点 15 分：$1+5=6$ 人

8 点 30 分：6 + 5×5 = 31 人

8 点 45 分：31 + 25×5 = 156 人

9 点：156 + 125×5 = 781 人

9 点 15 分：781 + 625×5 = 3906 人

9 点 30 分：3906 + 3125×5 = 19531 人

按照这样的传播速度，上午 9 点 45 分之前，全镇的 5 万人都会知道这个消息。

如果传播人数按 10 人计算，那么消息传播的速度就更快了。这样的话，我们就能得到下面这个非常有意思的数列：

8 点：1 人

8 点 15 分：1 + 10 = 11 人

8 点 30 分：11 + 100 = 111 人

8 点 45 分：111 + 1000 = 1111 人

9 点：1111 + 10000 = 11111 人

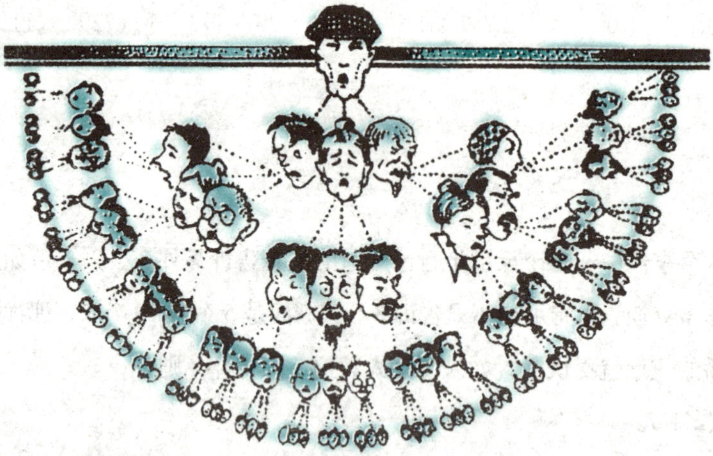

图 2–10

以此类推，这个数列的下一个数字就是111111，在9点零几分之前，整个镇上的人都会知道这个消息。也就是说，这个消息在大约一个小时的时间里就能传遍整个小镇。

2.3 奖赏

几千年前的古罗马，曾经发生过这样一个故事——

一

统帅泰伦斯奉国王之命完成了一项艰巨的任务，还赢得了很多战利品，风风光光地回到了罗马。回到首都后，他请求面见国王。

国王知道统帅打了胜仗，非常高兴，热情地接见了统帅，一再对他为国家所做的军事贡献表示赞扬，还要在元老院授予统帅一席高职作为奖赏。

而泰伦斯却不稀罕这个，他反问国王说：

“为了提高您的威信和巩固您的统治，我出生入死为您打这一场胜仗，我并不怕死，如果再有机会，我仍然愿意为您九死一生。但我真的不想再打仗了；我的年纪越来越大，身体也大不如前了，我应该在家里颐养天年。”

皇帝说：“没问题，泰伦斯。你想要什么尽管告诉我。”

“陛下，请听我说。我打了这么多年的仗，虽然九死一生，但却并没有为我带来多少财富，我仍旧非常贫穷。”

“泰伦斯，接着说。”

听到了国王的鼓励，泰伦斯接着说：“如果您想给我什么奖赏的话，那么请让我度过一个富足的晚年，我不需要元老的高位，也不需要那至高无上的权力，只想过平凡的晚年生活，所以陛下，请给我足够的金钱让我安度晚年。”

这位国王似乎有些吝啬。他只会把金钱装进自己的金库，一向抠门儿的国

图 2—11

王听到统帅的请求，陷入了沉思。

过了一会儿，国王问道："泰伦斯，你想要多少钱呢？"

"陛下，我希望能得到 100 万第纳里[①]。"

国王又陷入了沉思。统帅焦急地等待着国王的回答，终于，国王开口说：

"伟大的泰伦斯！你是最棒的军人，最英勇的战士，你立下了无数的丰功伟绩，理应得到丰厚的奖赏。我会给你足够的财富，明天中午我会把我的决定告诉你。"

泰伦斯很高兴，他向国王深深地鞠了一躬，退下了。

二

第二天中午，统帅准时来到了皇宫。

国王笑着说："勇敢的泰伦斯，你好！"

泰伦斯恭敬地低着头站在那里。

"宽厚的陛下，您昨天答应了要奖赏给我足够的金钱，现在我是来听您的决定的。"

皇帝回答说：

"你立过无数的汗马功劳，我不希望你只得到少得可怜的奖赏。我的金库里有 500 万枚铜制布拉斯[②]。你去我的金库拿来一枚 1 布拉斯的硬币放在我的脚边；第二天再去金库拿来

图 2-12

①古罗马银币或金币。

②小型金属货币，1 布拉斯等于五分之一第纳里。

一枚价值 2 布拉斯的硬币放在第一枚旁边；第三天再拿一枚价值 4 布拉斯的硬币；第四天拿价值 8 布拉斯的硬币，依此类推，后一天的钱数为前一天的 2 倍。我会让我的金匠们为你制造出价值相当的硬币，然后你就从金库中把它拿走，只要你还能搬得动它，那么不管它的价值是多大，你都可以拿走。这件事，你只能一个人做，不

图 2—13

能依靠别人的力量。当你实在搬不动新的硬币时，我们的约定就结束了，此前你从我的金库中搬出来的所有的硬币就都是你的了。”

泰伦斯听了国王的话，开心地说不出话来，他的脑海里浮现出自己从金库中搬出了大量的硬币。

他笑容满面地回答国王说：

“谢谢陛下，非常感谢您的仁慈和慷慨！”

三

泰伦斯开始每天从金库中搬硬币。金库离皇帝的大厅很近，一开始的几天，他毫不费劲地就可以搬动硬币。

第一天，他从金库中拿出了1布拉斯。这枚硬币很小，直径只有25毫米，重5克。

第二天、第三天、第四天、第五天和第六天，他都轻松地从金库中分别搬出了价值为1个布拉斯的2倍、4倍、8倍、16倍和32倍的硬币。

推算得出第七枚硬币直径为8.5厘米（准确地说是84毫米），重320克。

第八天，泰伦斯要从金库中搬出来的硬币重量为128枚小硬币的重量之和，为640克，直径为10.5厘米。

第九天，泰伦斯从金库中搬出的硬币重量为256枚小硬币的重量和，为1.25千克左右，直径是13厘米。

图 2–14

图 2—15

第十二天，泰伦斯从金库搬出的硬币直径是 27 厘米，重量为 10.25 千克。

国王开心地看着泰伦斯从金库中搬出硬币，他知道，虽然泰伦斯已经搬了 12 次，但他搬出的硬币总价值只有 2000 多枚小硬币而已。

第十三天，泰伦斯从金库中搬出的硬币重量相当于 4096 枚小硬币重量之和，为 20.5 千克，直径是 34 厘米。

第十四天，泰伦斯从金库中搬出的硬币直径为 42 厘米，重量为 41 千克。

国王掩饰不住心中的喜悦，笑着问他："勇敢的泰伦斯，你不累吗？"

泰伦斯擦去脸上的汗，喘着粗气回答："我的陛下，我并不累。"

第十五天，泰伦斯从金库中搬出的硬币重量相当于 16384 枚小硬币重量之

图 2—16

和，他抬着这个巨大的硬币艰难地走到了国王面前。这枚对勇猛的武士来说都显得太重的巨大硬币直径为 53 厘米，重量为 80 千克。

第十六天，泰伦斯从金库中搬出了更加巨大的硬币，他把它背在后背上艰难地往前走，这枚硬币的重量相当于 32768 枚小硬币的重量之和，为 164 千克，直径达到了 67 厘米。

泰伦斯累得气喘吁吁，国王却微笑着……

第十七天，泰伦斯已经无法搬动金库中新的大硬币了，他只能推着它向前走，还引来了别人的嘲笑声。这枚硬币的重量相当于 65536 枚小硬币的重量之和，为 328 千克，直径为 84 厘米。

第十八天，这是泰伦斯最后一天搬出硬币了，他这次搬出的硬币的重量是 131072 枚小硬币的重量之和，为 655 千克，直径为 107 厘米。他用自己的长矛做杠杆，费了九牛二虎之力才把它推进大厅。当他把这枚硬币放在国王面前时，发出了巨大的响声。

泰伦斯已经累得一点力气也没有了，他疲惫不堪地瘫坐在地上。

他有气无力地说："我再也搬不动了，够了够了。"

国王看到自己的计谋得逞，掩饰着内心的喜悦，让司库人员清点泰伦斯这

图 2—17

些天来从金库搬出的硬币总和。

司库员清点后说道：

"陛下，您真是太慷慨了，泰伦斯统帅一共得到 262143 布拉斯的硬币。"

泰伦斯起初要求的是 100 万第纳里，可在国王的算计下，他得到的金钱数量大约只有他要求的 1/20。

图 2-18

2.4 关于棋盘的传说

象棋[①]的历史已经有 2000 多年了，是一种非常古老的游戏。由于年代久远，所以象棋的产生就众说纷纭了，各种传说的真实性也无从考证。下面我就给你讲一个关于象棋的传说，但这并不需要你会下象棋，你只要知道象棋的棋盘上画有 64 个黑色和白色小格子就可以了。

一

象棋发源于印度。舍拉姆皇帝第一次接触象棋时，就为象棋的技巧和它多

①这里指国际象棋。

样的布局而赞叹不已。当他知道是一位臣民发明了象棋后，就将其召入宫中，要好好奖赏这位伟大的发明家。

象棋的发明者塞塔来到皇帝面前。他是一位学者，平时的生活非常朴素，以教学为生。

皇帝说："塞塔，你发明了象棋这款出色的游戏，我要好好奖赏你。"

这个聪明的男人对皇帝深深鞠了一躬。

图 2–19

“我非常富有，能满足你一切愿望，你想要什么尽管告诉我，我一定会让你如愿以偿的。”

塞塔还是没有说话。

皇帝鼓励着他：“不用害怕，把你的愿望说出来，我绝不会吝啬的。”

“陛下，您真是仁慈的君主。能不能给我点时间好好地考虑一下，明天我再把我的请求告诉您可以吗？”

得到皇帝的允许后，他退下了。

第二天，塞塔来到了皇帝面前，他提出了一个非常微薄的要求，这让皇帝非常吃惊。

“陛下，我只要棋盘的第一个格子给我一粒小麦，请您允许。”

皇帝吃惊的问：“只要一粒小麦？”

“是的，陛下。请您在第二个格子给我 2 粒小麦、第三个格子给我 4 粒、第四个格子给我 8 粒、第五个格子给我 16 粒、第六个格子给我 32 粒……”

皇帝非常生气地打断他的话：“住口，你发明了伟大的象棋，却只要那么少一点麦粒：每一个格子的麦粒数目为前一个格子麦粒数量的 2 倍。你真是辜负了我的慷慨和仁慈，身为一名教师，应该懂得如何尊重君主，好给你的学生们树立一个好榜样。你退下吧，我会让仆人把你要的小麦给你送去的。”

塞塔轻轻笑了笑，走到宫殿门口去取应给自己的奖励。

图 2—20

二

皇帝在午餐时又想起了这个象棋的发明者，就命令仆人去看看这个糊涂的小伙子是不是把自己的奖赏领走了。

“陛下，我们在按您的吩咐准备把他的奖赏给他。现在，宫廷的数学家们正在计算他应得的粮食数目。”

皇帝不高兴了，他对于仆人们把自己的命令执行得这么慢而感到不悦。

图 2—21

晚上就寝前，皇帝又问了仆人，塞塔有没有拿着自己的那袋麦子离开。

皇帝的仆人回答："陛下，宫廷数学家们还在紧张地计算着，希望天亮之前可以计算出结果。"

皇帝听说这么一件小事直到现在还没有处理好，就发火了："做这么点小事还这样拖拉？在我明天早上醒来之前，必须让塞塔把麦粒拿走。我不会再交代第二次了。"

第二天早上，仆人向皇帝禀告，说首席宫廷数学家们有非常重要的事要面见皇帝。

图 2—22

舍拉姆皇帝说："先不要说你的事，我先问你，塞塔的那些微少的麦粒有没有让他拿走？"

一位年老的数学家说："陛下，我们就是为了这件事来见您的。我们几个人仔细地计算了塞塔应得的粮食的数量，数目实在太大了……"

皇帝生气地打断他的话："不管这个数目有多大，我有很多粮食，既然答应了他，就应该如数给他……"

"陛下，恐怕要做到这一点是不可能的了。因为您的粮仓中的粮食根本不够给塞塔的奖赏。整个国家的粮仓甚至整个地球上也没有这么多。如果您仍然坚持要信守诺言，把他的奖励发放给他，那么就请把整个国家的土地，包括海洋和荒原在内的所有土地上都种上小麦，再把这些土地种出来的所有小麦都交给塞塔，才足够他应得的奖赏。"

皇帝听了老者的话后，一下子目瞪口呆了。他想了想说："请把这个可怕的数字告诉我吧。"

"陛下，是 18 446 744 073 709 551 615 粒粮食。一个 10 亿中有 1000 万个 100 万，一个万亿中有 1000 个 10 亿。"①

三

这就是关于象棋棋盘的传说，但到底是不是真实就不得而知了。但故事中的这个麦粒数量的确应该是这个数目，你可以尝试着自己计算一下。从 1 开始，分别加上：2、4、8 等数字。对 2 进行 63 次平方得出的结果就是故事中棋盘的最后一格中皇帝应该付给塞塔的粮食数目。按前文介绍的方法，把最后一个数字乘以 2 再减去 1，结果就出来了。所以说，我们最重要的任务就是要计算

①科学上是允许这样计算的。但在现实生活中，一般把一个 10 亿记作 1000 个百万，一万亿就是 1000 个 10 亿。皇帝赏给塞塔的粮食数目，用日常语言读出来就是 1844 亿亿加上 6744 万亿，加上 737 亿，加上 955 万，再加 1615。

出2的64次平方的结果：

2×2×2×2×2……（64个2相乘）

为了计算更加简便，可以把64个乘数分为6组，每组10个，剩下的4个2位一组。就能得出10个2相乘的结果为1024，4个2相乘得16，所以最后结果为：

1024×1024×1024×1024×1024×1024×16。

计算出1024×1024的结果是104 857 6，那么这个算式就可以写成：

1048576×1048576×1048576×16。

得出结果再减去1，就是塞塔应得的粮食数目：

18 446 744 073 709 551 615。

如果你想知道这么多麦粒到底有多少，可以计算一下，要容纳这些麦粒要用多大的粮仓。每立方米小麦大概有1500万粒，那么塞塔应得的麦粒所占的

图 2–23

体积约是 12 000 000 000 000 立方米（或是 12000 立方千米）。假设要把这些麦粒存放在高 4 米、宽 10 米的粮仓中，那么这个粮仓的长度就是 300 000 000 千米，这个距离是地球到太阳距离的 2 倍。

四

这样庞大数量的麦粒，皇帝自然是没有能力支付的。但有一个办法可以让他从这个责任中解脱出来，就是他可以让塞塔亲自数数自己应得的麦粒数量。

如果让塞塔自己数这些麦粒，假设他一秒钟数一粒，不眠不休地数，一个昼夜可以数出 86400 粒粮食（1/4 俄斗），这样数上 10 个昼夜，可以数约 100 万粒，用上半年的时间才能数完约 1 立方米的小麦。这样数上 10 年，也只能数出约 100 俄担[①]麦粒。就算他用尽一生的时间数麦粒，他也只能得到自己要求的奖赏中的非常微小的一部分。

图 2—24

①译者注：俄担，旧俄制体积单位。1 俄担 =8 俄斗，约合 210 升。

2.5 繁殖的速度

罂粟果成熟之后，里面就有了很多细小的种子。如果每粒种子都能长成一株罂粟，那么一株植物能繁殖出多少棵罂粟呢？要知道这个答案，首先就要数出罂粟果中有多少粒种子。这件事看起来无聊，其实计算起来是非常有趣的，所以你要耐着性子把它做完。结果是一株罂粟果中有 3000 粒种子。

这说明了什么？说明一棵罂粟的种子如果都能长成一株植物，那么第二年的夏天，这里就有 3000 棵罂粟了。一个罂粟果实就能繁殖出这么多罂粟，真是太神奇了！

接着，假设这 3000 株罂粟每棵都能结出至少一个果实（一般情况下会有几个），每个果实有 3000 粒种子；这些种子再种到地里，第二年时，我们就可以拥有 3000 × 3000 = 9 000 000 棵。

那么第三年时，最初的一棵罂粟就可以繁殖出 9 000 000 × 3000 = 27 000 000 000 棵。

第四年时，这个数目就是 27 000 000 000 × 3000 = 81 000 000 000 000 棵。

第五年时，这些罂粟数目为：81 000 000 000 000 × 3000 = 243 000 000 000 000 000 棵，足够覆盖整个地球表面了。因为地球上所有的陆地面积是 135 000 000 000 000 平方米。

图 2—25

如果每一棵罂粟果实的所有种子都能长成一株罂粟，那么五年之内，一棵罂粟繁殖出来的后代就能覆盖整个地球陆地表面。那个时候，每一平方米的地球陆地表面竟有 2000 棵罂粟。由此可见，一粒不起眼的罂粟种子竟能产生这样庞大的数目的种子。

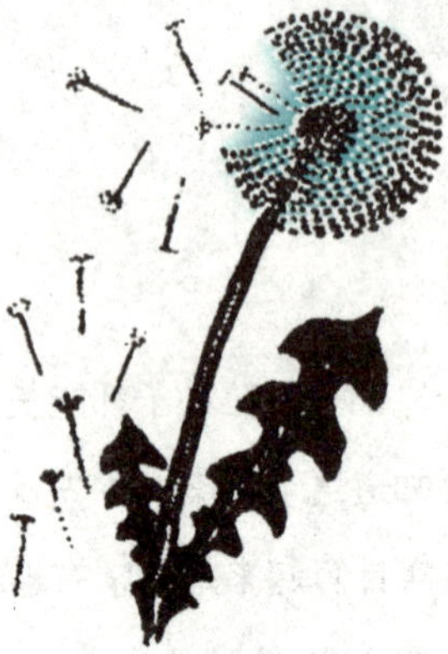

图 2—26

如果计算的对象是一种果实比罂粟少的植物，一样可以得到相同的结论。只是时间不是 5 年，而是在长一点的时间内覆盖地球陆地表面。比如说蒲公英吧，每一年，一棵蒲公英会产生 100 粒种子，假设每粒种子都能长成一株蒲公英，那么蒲公英的繁殖情况为：

第一年：1 株；

第二年：100 株；

第三年：10 000 株；

第四年：1 000 000 株；

第五年：100 000 000 株；

第六年：10 000 000 000 株；

第七年：1 000 000 000 000 株；

第八年：100 000 000 000 000 株；

第九年：10 000 000 000 000 000 株。

也就是说，第九年时，蒲公英就会覆盖整个地球陆地表面，每一平方米的土地上就会有 70 多株蒲公英。

这样惊人的繁殖，为什么我们在现实生活中没有见到呢？那是由于这些植物的大部分的种子没有发芽就死掉了：有的是因为它们掉落的土地不适合生长；有的虽然发芽了，但被其他植物阻碍了生长；还有的是被动物吃掉了。但如果它们不是在这样或是那样的情况下死掉的话，那么任意一株植物都能在短短几年内把地球表面覆盖。

动物也是一样的。如果它们没有伤亡，那么任意一对动物繁殖出来的后代终有一天会覆盖整个地球。蝗虫的数量非常庞大，试想一下，如果它们没有任何伤亡，会出现什么情景。二三十年内，地球的陆地表面上到处都是森林和草地，数以百万计的动物在地球上为了争夺生存空间而互相厮杀。海洋里，鱼也变得非常拥挤，船根本没办法航行。天空中到处飞着鸟类和昆虫，空气也因此变得不再透明洁净……

在这里，我们可以用苍蝇举例说明繁殖的速度快得多么可怕。假设一只苍蝇能产 120 个卵，一个夏季的时间能繁殖 7 代。假设它第一次产卵的时间是 4 月 15 日，20 天之内，母蝇可以长大并自行产卵，下面就是苍蝇的繁殖情况：

4 月 15 日：一只母蝇产下 120 个卵；

5 月初：产出 120 只苍蝇，其中 60 只是母蝇，每只母蝇产下 120 个卵；

5 月中旬：产出 60 × 120 ＝ 7200 只苍蝇，其中 3600 只是母蝇；

5 月 25 日：3 600 只母蝇，每只产 120 个卵；

6 月初：产出 3 600 × 120 ＝ 432 000 只苍蝇，其中 216 000 只是母蝇；

图 2–27

6 月 14 日：216 000 只母蝇，每只产 120 个卵；

6 月底：产出 259 200 00 只苍蝇，其中 129 600 00 只是母蝇；

7 月 5 日：129 600 00 只母蝇，每只产 120 个卵；

图 2—28

图 2—29

图 2–30

7 月：产出 155 520 000 0 只苍蝇，其中 777 600 000 只是母蝇；

7 月 25 日：产出 933 120 000 00 只苍蝇，其中 466 560 000 00 只是母蝇；

8 月 13 日：产出 559 872 000 000 0 只苍蝇，其中 279 936 000 000 0 只是母蝇；

9 月 1 日：产出 335 923 200 000 000 只苍蝇。

为了直观地想象这个庞大的数字，可以假设把这些苍蝇一只挨一只地连成直线，每只苍蝇为 7 毫米，这些苍蝇连起来的总长度就是 250 000 000 0 千米，这个距离是地球到太阳的距离的 17 倍，几乎等于地球到天王星的距离。一只小小的苍蝇在不受任何因素影响的情况下，可以繁殖出这样庞大数目的苍蝇。

2.6 免费大餐

一

10个年轻人中学毕业了，他们商量好要去一家餐馆好好庆祝一番。当他们都到齐了后，服务员为他们端上了第一道菜。可几个年轻人有的认为应该根据姓名的字母顺序就坐，有的认为应该按年龄大小就坐，有的人认为应该按学习成绩就坐，还有少数几个人认为应该按身高就坐。就这样，几个年轻人为了座次问题争吵了起来，直到汤都凉了，他们还在争吵，谁都没有坐下来就餐。

服务员实在看不下去了，他说了一番话，这才化解了大家的矛盾：

“朋友们，不要吵，请随便找个位子坐下听我说。”

几个年轻人在就近的位子坐下，服务员接着说：

“请你们记住现在自己的座位号，明天来到这里就餐，按另外的座次就坐，后天再用新的座次就坐，直到你们尝试过所有的座次为止。等到你们再坐回到

图 2—31

今天的座次时，我就免费请大家吃一顿可口的大餐。”

对于服务员的这个提议，几个年轻人都非常满意。于是他们为了能吃到服务员允诺的那顿大餐，决定每天都来这里按不同的座次就餐。

但这顿大餐他们是吃不到的。倒不是服务员会食言，而是因为可能出现的座次太多了，经过计算，为3628800种。

这么多天换算成年大约9942年，几乎是一万年。为了那顿免费的大餐，几个年轻人需要等待的时间太长了……

二

可能你认为只有10个人，怎么可能出现那么多的座次呢？你可以尝试着计算一下。首先要知道座位次序的变化，为了计算简便，先用3种物体的次序

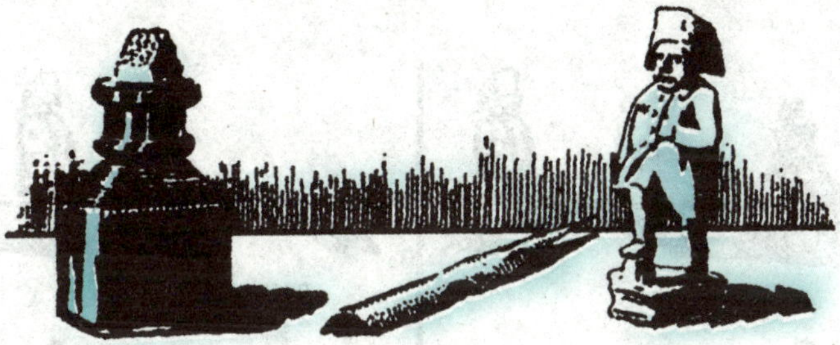

图 2-32

变化为例吧。假设三个物体分别为*A*、*B*、*C*。

那么，用什么方法使它们互换位置呢？如果*C*在最右侧，那么剩下的*A*、*B*两个物体的摆放方式就有两种：

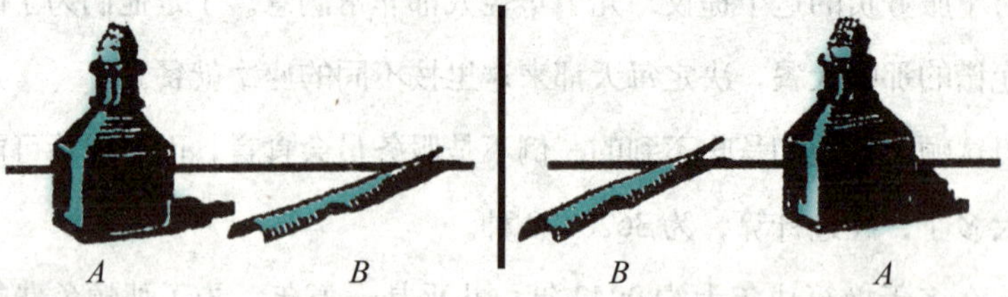

图 2–33

把 C 放入这两组队列中，就有三种方式：

(1) C 在每列之后；

(2) C 在每列 之前；

(3) C 在 A、B 之间。

C 物体只有这三种摆放方式。因为我们的排列方式共有 AB、BA 两种，那么这三种物体的摆放方式就有 $2\times3=6$ 种。方式如下图所示：

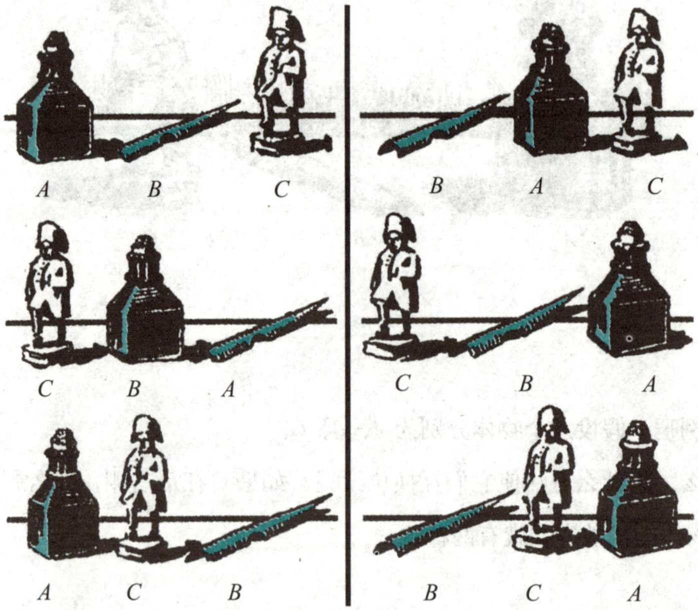

图 2–34

如果是 4 种物体，应该有多少种摆放方式呢？假设我们有 *A*、*B*、*C*、*D* 四个物体，先把其中的 *D* 物体放在一边；计算一下 *A*、*B*、*C* 三个物体可能出现的摆放方式。前边已经计算出，3 种物体的摆放方式共有 6 种，现在要把 *D* 物体放到这 6 种摆放方式中，有四种方法：

(1) *D* 在每一列物体的最后；

(2) *D* 在每列物体的前面；

(3) *D* 在 *A*、*B* 物体之间；

(4) *D* 在 *C*、*B* 物体之间。

所以，这四种物体的摆放方式共有：

$6\times4=24$ 种；

图 2—35

因为 6 = 2×3，2 = 1×2，那么这个算式可以改成：

1×2×3×4 = 24。

根据这个方法，就可以轻松地计算出 5 种物体的摆放方式：

1×2×3×4×5 = 120。

6 种物体的摆放方式为：

1×2×3×4×5×6 = 720。

依此类推，就能计算出上述故事中 10 位就餐者的就餐座次：

1×2×3×4×5×6×7×8×9×10 = 3628800。

图 2–36

三

这 10 位就餐者中，如果有 5 位姑娘，她们希望和男士交替着坐，那样的话，虽然就坐方式会少很多，但计算就会变得更加复杂。可以假设一位男士随意坐在一个位子上，另外 4 位男士，每两位中间都要留出一个位子给一位姑娘，这时就坐方式就有：$1\times2\times3\times4=24$ 种。因为有 10 个位子，所以第一位男士就有 10 种就坐方式。那么这五位男士的就坐方式就有 $10\times24=240$ 种。那么这些就坐方式中，有哪些方式是可以让 5 位姑娘坐在两位男士中间的呢？有 $1\times2\times3\times4\times5=120$ 种。把男士可能的就坐方式和姑娘们的就坐方式相乘，就得到了最终的结果：$240\times120=28800$ 种。

这种就坐方式比之前的方式少很多，按这种方式就餐，可以用 79 年左右的时间。所以说，如果这些年轻人都能活到 100 岁，才有可能吃到那顿免费的大餐，但到那时这个服务员就不能亲自来招待他们了，只能是他的继任者了。

图 2—37

2.7 诚实的小家伙

一个商贩到市场上卖几袋坚果。到达目的地后，他从马车上把装满坚果的口袋卸了下来，准备把车赶回去。这时他突然想起还要去别的地方，并且要在那里待很长时间。这些货物怎么办呢？必须有人看管才行。商贩苦苦思索着：“找谁看管会更划算呢？”

突然，他看到了流浪儿斯捷普卡，这小家伙每天都到市场找活干，帮别人推车、摆放蔬菜、替人打扫卫生来赚点钱，就有饭吃了。斯捷普卡非常机灵，而且很诚实，这里的人都愿意找他做事。

商贩找到他说：“斯捷普卡，我这里有几口袋坚果，帮我看管吧？”

“要看管很长时间吗？”

“这个要看具体情况了，你放心好了，我会给你钱的。”

“你会给我多少钱？”

商贩怕自己出价高了，就小心地问：“你认为多少合适？”

斯捷普卡想了想说：“第一小时付给我一粒坚果行吗？”

“没问题。第二个小时呢？”

“两粒。”

“行，三个小时呢？”

“那就是4粒。如果到时你还没回来，第四个小时就要付给我8粒坚果了。第五个小时是16粒，第六个小时……”

商贩不耐烦地打断斯捷普卡的话：“不用算了，就按你说的，每小时付给你前一个小时2倍的坚果。但我如果天黑之前还没回来，你可不能离开，要帮我看好东西。”

商贩为找到廉价的看守人感到非常高兴，就算他一夜没回来，也只是付给小男孩一把坚果而已。想到这儿，他放心地走了。

商贩在天黑之前就把事情处理妥当了，这时应该回到市场上，可他却并不着急。他心想："晚上又没有人会买我的坚果，有一个廉价的看守人在给我看着货物呢，他不会离开的，大不了明天我付给他一大把坚果就行了。"商贩这样想着，就躺在床上睡觉了。

斯捷普卡坚守着自己的岗位，看守着这些坚果，一步也没有离开。主人没有回来，斯捷普卡却并不感到失望，晚上，市场里的人都回家了，可斯捷普卡还是认真地守着坚果，暗自笑了笑。

第二天早上，商贩来到市场，走到自己的货物旁，他看到斯捷普卡正把自己的坚果往一辆小推车上搬。

"喂！你这小偷，要把我的坚果弄到哪儿去？"

斯捷普卡不紧不慢地回答道："这些坚果昨天是你的，可今天是我的了。你还记得我们昨天的约定吗？"

"我们是有约在先，可是你只是看守人，现在为什么偷我的东西？"

"这些东西现在是我的了，我并没有偷，这是我应得的报酬。"

"你只是看守了一天我的货物，凭什么说我所有的东西都是你的？把你应得的那部分报酬拿走。不要拿我的东西。"

"我没有拿你的东西，我拿的就是我的报酬。而且，你还应该另外付给我一部分钱呢！"

"你说什么，真是莫名其妙，我还要付钱给你？你说说，我应该付给你多少钱？"

"差不多是现在的1000倍吧，如果你不信，我们可以来计算一下。"

"只有一天的时间，我还需要计算啊？你是不是根本不会计算？"

你是怎么认为的？商贩和斯捷普卡两个人中，到底谁不会算呢？

斯捷普卡计算得非常正确，商贩不会计算。结果是这样的：

第1个小时斯捷普卡应得的坚果数为：1粒；

第2个小时：2粒；

第3个小时：4粒；

第4个小时：8粒；

第 5 个小时：16 粒；

第 6 个小时：32 粒；

第 7 个小时：64 粒；

第 8 个小时：128 粒；

第 9 个小时：256 粒；

第 10 个小时：512 粒。

这个数量并不算多，一共加起来，也只需给斯捷普卡 1000 多粒坚果。但是再继续计算呢：

第 11 个小时：1024 粒；

第 12 个小时：2048 粒；

第 13 个小时：4096 粒；

第 14 个小时：8192 粒；

第 15 个小时：16384 粒。

这个数量已经非常大了，但是为什么会有上千袋坚果呢？再继续往下计算：

第 16 个小时：32768 粒；

第 17 个小时：65536 粒；

第 18 个小时：131072 粒；

第 19 个小时：262144 粒；

第 20 个小时：524288 粒。

这些坚果加起来有 100 多万粒了，但还差 4 个小时没有计算呢：

第 21 个小时：1048576 粒；

第 22 个小时：2097152 粒；

第 23 个小时：4194304 粒；

第 24 个小时：8388608 粒。

把这 24 个小时斯捷普卡应得的坚果数量加起来，就是 16777215 粒，大约是 1700 万粒坚果。所以斯捷普卡说要有上千袋坚果，他说的一点也没错。

第3章

一切皆有可能

3.1 剪刀和明信片

在一间刚刚装修完的房间里，我看到角落处有一些使用过的明信片，还有一些从墙纸上剪下来细长的纸条。我想，这些垃圾没有任何用处，只能用来把壁炉烧旺了。其实就算一些看起来一点用处也没有的东西也能派上用场。哥哥就是这样做的，他用这些看上去没什么用的材料向我展示了很多有趣的智力游戏。

他是从这些细长的纸条做起的。他把一块三个巴掌长的纸条递给我说：

“把这根纸条用剪刀分成三段。”

我拿起剪刀刚要剪，哥哥却拦住我说：

“你别急，我话还没说完，要用一刀把纸条剪成三段。”

这实在太难了。我尝试了很多种方法，都没有成功，哥哥真的是给我出了一道难题。最后我相信：这道题根本没有解法。

图 3–1

我说：“这根本就是不可能做到的，你别开玩笑了。”

“当然可能了，你认真思考，一定能想出来。”

“我猜出来了，这道题没有解法。”

“你没猜中哦！把剪刀给我。”

哥哥把纸条和剪刀拿在手里，把纸条对折，然后用剪刀剪重叠的纸条，这时纸条已经被一刀分为三段了。

“看到没有？”

“嗯，看到了。可是你把纸条给弄弯了。”

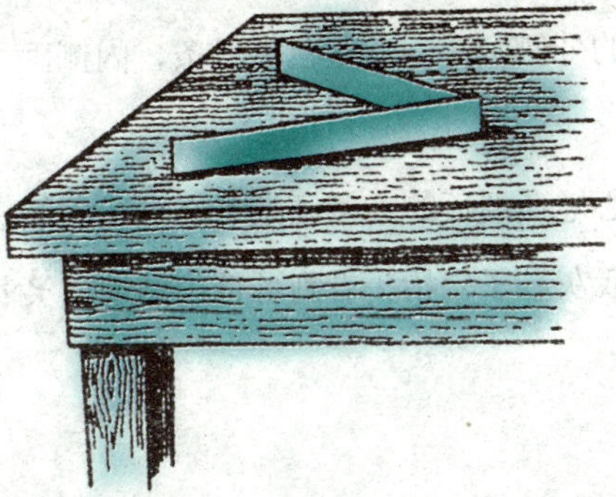

图 3-2

“你为什么没把它弄弯呢？我又没说不能把纸条弄弯呀。”

“我说不能把它折叠了吗？没猜中就是没猜中，你就承认吧。”

“那你再出一道题吧。我肯定不犯这种错误了。”

“这是一根纸条，你让它侧立在桌子上。”

“侧立……”我突然想起纸条可以折叠。就把纸条对折，让它呈一个角的形状，轻轻松松地就把它立在了桌上。

哥哥称赞我说：“太棒了！”

“继续！”

“好！你看，我将几根纸条绕一圈粘成一个纸环，你用红蓝两色的铅笔，在纸环的外侧画条蓝线，内侧画条红线。”

“然后呢？”

“这样就行了。”

太容易了！可这个看起来容易的题目，我却没有做好。我把蓝色线条两端连起来后，刚想在内侧画红线，突然发现这个纸环的两侧都画上了蓝线。

我有些不好意思地说：“我不小心画错了，再给我一个纸环。”

但第二个纸环我也没有画成功：我居然没注意到，是怎样在纸环的两侧画上一条线的。

“太奇怪了！又画错了。再给我一个纸环吧。”

“拿去，别怕浪费纸。”

你猜这次的结果是怎样的？是的，我仍旧失败了，在纸环的两侧画上了蓝色的线条。

哥哥嘲笑着说："这么简单的问题你都没解决！""我一定能做好。"

哥哥拿过一个纸环，成功地在它的外侧画了一条蓝色的线条，内侧画了一条红色的线条。

我又拿起一个新的纸环，非常小心地在纸环的一侧画线条。可我仍然没有做到，又把线条画在了纸环的两侧！我灰心了，抬头看到哥哥狡黠地微笑着，我才觉得这件事有些奇怪。

我试探着问他："这是不是魔术？"

"这个纸环可不是普通的纸环，它被我施了魔法。不信你用它来做别的事，比如说把它剪成两个更细的纸环。"

"这太简单了。"

剪开纸环后，我正想把我的作品拿给哥哥看，却发现，我剪出来的是一个长长的纸环，而不是两个细纸环。

哥哥嘲笑着说："这就是你剪出的两个纸环吗？"

"再给我一个纸环，这次一定成功。"

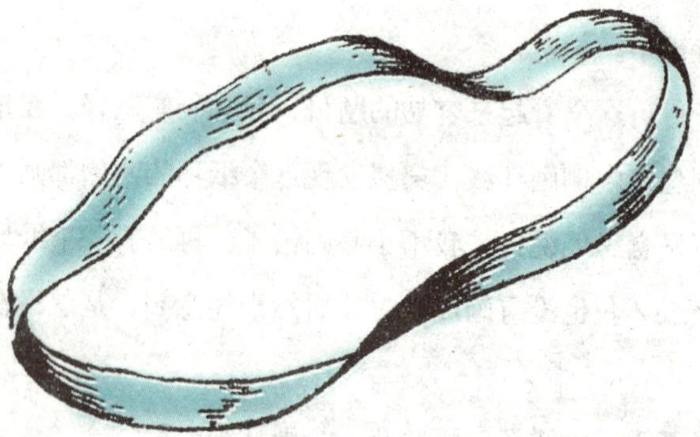

图 3–3

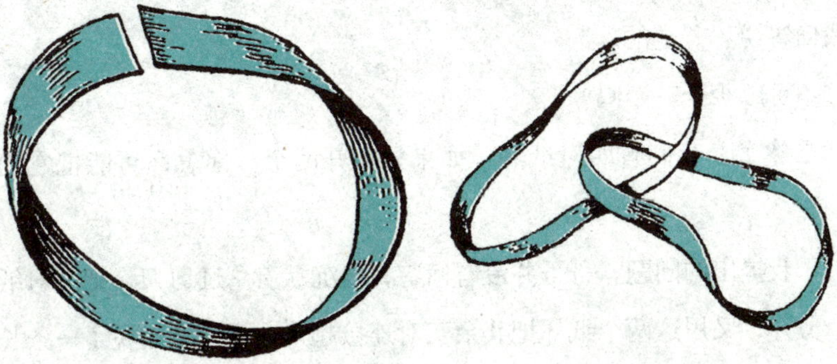

图 3–4

“你剪出的还会是你手里那样的长纸环。”

我又剪了一个纸环。这次虽然是两个纸环，可它们是缠绕在一起的，这个纸环看上去的确很像是被施了魔法。

“其中的奥秘很简单。只要把纸条粘起来之前，把它们按图中所示的方式拧一圈就行了。”

“这就是其中的奥秘吗？”

“你仔细想想，我刚才画线条的纸环就是普通的纸环，如果把纸条粘连起来之前，把它们拧上两圈，而不是只拧一圈的话，会更有意思的。”

哥哥又把这种做纸环的方法向我演示了一遍，制作出了一个新的纸环交给了我。

哥哥说：“你尝试一下，这样会剪出什么样的纸环？”

我剪出了两个纸环，它们一个套着另一个。太有趣了！

我又自己动手，制作出了三个这样的纸环，并把它们剪成了三对套在一起的纸环。

哥哥问我：“怎样做才能把这 4 对纸环连成一个链条呢？”

“这很容易啊！把每一对纸环中的一个剪开，再用它把其他的纸环穿起来，然后再粘好。”

“也就是说，用剪刀可以剪开三个纸环？”

我回答说：“是的。”

“不可以少于三个吗？”

“当然了，我们有四对纸环，如果只剪开两个，你怎么可能把它们连接上呢？”

对于我提出的问题，哥哥并没有回答，他沉默着拿过剪刀，把一对纸环中的两个剪开，又用这两个纸环把其余三对连接起来，这时就出现了一条长长的纸链，它是由 8 个纸环组成的，这真是太容易了。

“我们已经把纸条游戏玩熟了。你还有一些废旧的明信片吗？我们可以好好想想，用这些明信片能做些什么事。比如说你可以尝试着在你刚拿到的明信片上剪出一个最大的窟窿。”

我把明信片用剪刀扎穿，留出一条窄边，剪出一个四边形的窟窿。

图 3–5

我把我剪出的窟窿给哥哥看，向他炫耀着说："这个窟窿最大了！再没有比它更大的了。"

但哥哥却不同意我的看法。

"这个窟窿实在不算大，你看它只能勉强伸进一只手。"

我听了他的话很不高兴，讽刺地说："难道你想把整个头都钻进去？"

"哈哈！不止这样，我希望整个人都能钻进去，那样的窟窿才算足够大呢！"

"你别开玩笑了，用这么小的一张明信片怎么可能剪得出那么大的窟窿？"

"就是这样，要剪出一个比明信片大出许多倍的窟窿。"

"这次你一定没有办法做到，因为这根本是不可能的事。"

哥哥开始剪了，我非常好奇，急于想知道他会怎样剪。他先把明信片对折

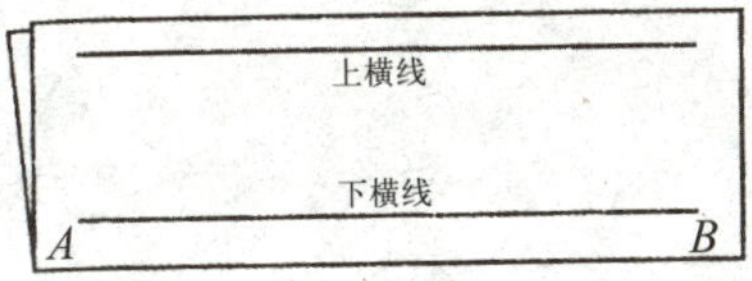

图 3–6

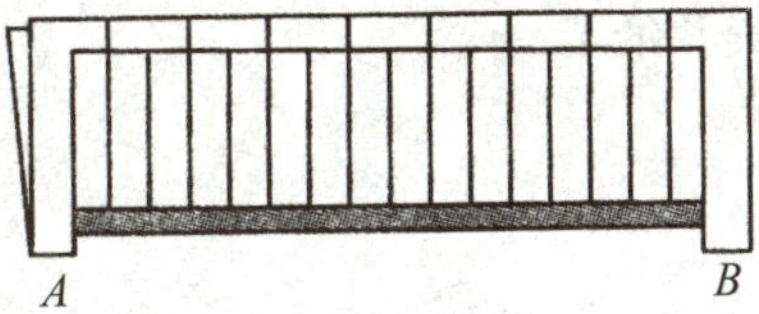

图 3–7

起来，在两条长边上用铅笔各画上一条线（图 3–6），接着从 A 点沿第一条竖线往上剪，剪到上边的横线止，然后将剪刀移向第二条竖钱，沿上横线往下剪，直至下横线，如此一上一下地剪，直至剪到 B 点。再把纸片的上半部分剪出阴影部分（图 3–7 中的阴影部分）。然后把纸片拉开，就是一个很大的纸环了。

哥哥开口说："完成了。"

图 3–8

“窟窿呢？我怎么看不到？”

“看吧。”

哥哥把纸片拉开，这张明信片就展开成了一条大的纸环，他轻轻松松地把纸环套在我的脖子上（图 3–9），然后一下子套过我的身体掉到脚下。

图 3–9

“怎么样？这个窟窿是可以钻过人的吧？”

我不住地赞叹：“太神奇了，它不仅能钻进一个人，两个人都没问题的。”

就这样，哥哥结束了他的魔术表演，还答应我下次要用硬币给我表演节目，而不是用纸了。

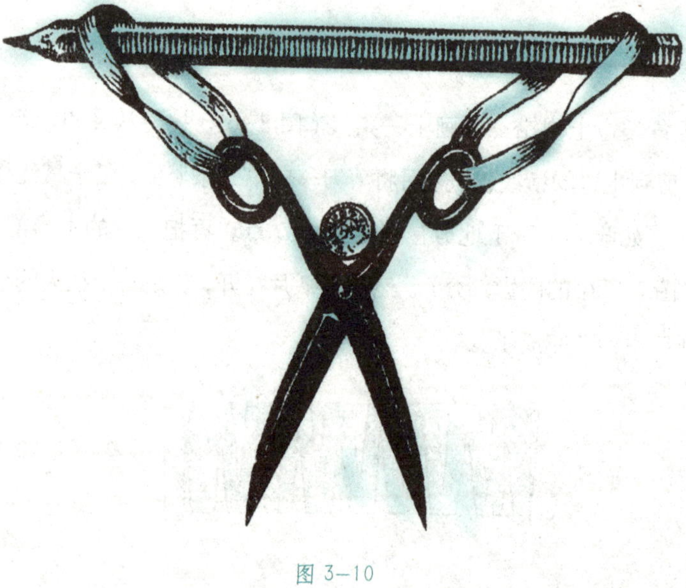

图 3–10

3.2 用硬币变魔术

吃早点的时候我提醒哥哥说:“哥哥,你昨天答应我说要用硬币变魔术的。”

“一大早就想看魔术?那好，拿一个空碗。”

哥哥拿出一枚硬币放到了空碗里。

“你就保持现在这个姿势往碗里看，能不能看到硬币?”

“可以看到。”

哥哥把碗稍稍移动了一下。

图 3-11

“现在还能看到吗?”

“现在只能看到硬币的边缘，其他部分被碗壁挡住了。”

哥哥继续移动着碗，直到我完全看不到硬币为止。

“保持这个姿势不要动。我往碗里倒点水，你再试着看硬币?”

“我又能看到硬币的全部了，它看上去像是和碗底一起向上移动了些。到底是怎么回事呢?”

图 3–12

哥哥在纸上用铅笔画出一个碗，又画出里面的硬币，我看过之后就全懂了。碗中没有水时，硬币在碗底发出的任何一条光线都不能反射到我的眼睛，因为光是沿直线传播的，硬币的光线被碗壁遮挡住了，所以我无法看到它。碗里有水后，硬币发出的光线从水中射出来，再进入空气的过程中发生了弯折（科学家们称之为“折射”），再越过碗边把光线射入人的眼睛。由于在我们的视线中，总认为“光沿直线传播”，所以人的眼睛就会本能地认为硬币的位置比之前更高了，就是说，人的眼睛是沿着折射后的光线往直线反向看过去。所以在我们的眼中，硬币的位置向上稍微移动了一些。

哥哥说：“这种情况在你游泳的时候可以注意一下。如果你到清澈见底的浅水处游泳时，要记住水的实际高度比你看到的要深很多，大约是整个水深的四分之一。假设水的实际深度是1米，那么它在你的眼中只有75厘米。正因为如此，所以很多孩子在水里游泳时，错误地估计了水的深度，从而经常发生不幸。”

“以前我在水面上驾着小船划行时，往往会觉得我的正下方的水是最深的，而周围的水都要比这里浅很多。移动位置后，又会觉得自己正下方的仍是最深的，刚才认为最深的地方，现在看起来又很浅了。好像水的最深处一直在跟着小船移动一样。这是怎么回事呢？”

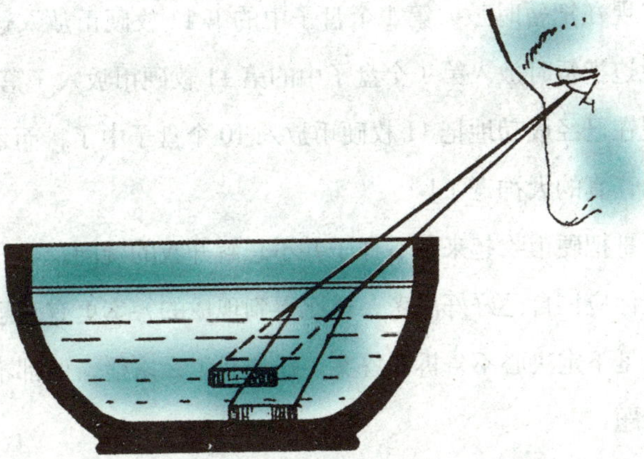

图 3—13

“这个问题现在对你来说应该就很容易理解了。之所以会这样，就是因为我们看正下方的水面时，深水处发出的光线基本上是垂直射出来的，和其他地方相比，它的光线改变的幅度小得多。所以你的正下方的水看起来比它周围的水要深得多。其实水底下是平的，只是你的错觉而已现在你试着做这道题：把 11 枚硬币放入 10 个盘子里，每个盘子中只能放一枚硬币，你能做到吗？”

“这也是物理实验题吗？”

“不是，这是一道心理学实验题。试试吧。”

“把 11 枚硬币放进 10 个盘子中，而且每个盘子中只放 1 枚硬币，我可做不到。”我连连摆手认输。

“你试试吧，我会教你的。先把第一枚硬币放进第 1 个盘子里，把第 11 枚硬币也暂时放到这个盘子中。”

我拿起两枚硬币放入第 1 个盘子，脑子里一直在想接下来要怎么做。

“把两枚硬币放进去了吗？好。现在把第 3 枚硬币放入第 2 个盘子中，第 4 枚放入第 3 个盘子中，第 5 枚放入第 4 个盘子中，后来的硬币都是按这样的方法放进去。”

我照哥哥说的，把硬币一个一个放入不同的盘子中，当我准备把第 10 枚硬币放入第 9 个盘子里时，突然发现第 10 个盘子是空的。

“现在把暂时放入第 1 个盘子中的第 11 枚硬币放入这个空碟子中。”哥哥边说边把暂时放入第 1 个盘子中的第 11 枚硬币放入了第 10 个盘子中。

现在已经成功地把 11 枚硬币放入 10 个盘子中了，而且每个盘子中都是一枚硬币，真的太神奇了！

哥哥把硬币收起来，看样子并不想解开我的疑问。

“你应该自己好好思考，这比得到现成的答案更有意思。”

哥哥下定决心不告诉我答案，任凭我怎么求他，他都不动摇，还给我出了一道新题：

“给你 6 枚硬币，把它们排成 3 列，但要保证每一列中都有 3 枚硬币。”

“那得要 9 枚才能做到。”

“如果用 9 枚硬币进行这样的排列，谁都知道怎么做。现在你要用 6 枚硬币做这样的排列。”

“哥哥，你是不是又在开玩笑？”

“这非常简单，你又这么轻易认输了，不信你看！”

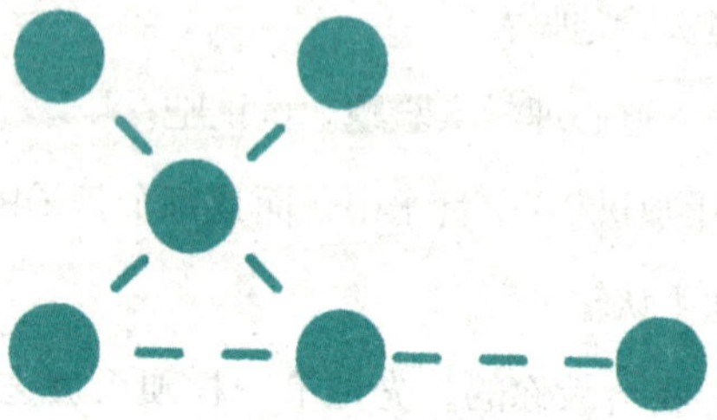

图 3–14 把 6 枚硬币排成 3 列，每列有 3 枚硬币（方法一）

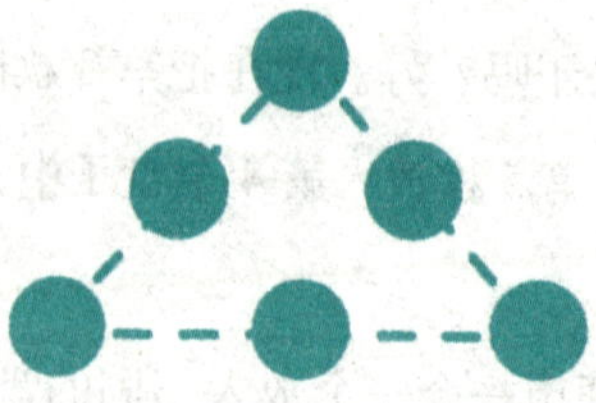

图 3–15 把 6 枚硬币排成 3 列，每列有 3 枚硬币（方法二）

接着，哥哥拿过硬币，按图 3–14 或图 3–15 所示的方式把硬币摆好了。

哥哥指着自己摆出的硬币说："你看，这就把 6 枚硬币排成了 3 列，每列有 3 枚硬币。"

"可这三列是互相交叉的？"

"没关系啊，我又没有说不能交叉。"

"如果我知道可以交叉的话，我也能摆出来的。"

"那好，等你有时间时，想想有没有别的方法可以摆出来。我这儿还有三道题，和这道题的性质差不多。第一，把 9 枚硬币摆成 10 列，每列 3 枚；第二，把 10 枚硬币摆成 5 列，每列 4 枚；第三，我这里有一个大正方形，里边有 36 个小正方形（图 3–16），你要把 18 枚硬币放到这些格子中，每个小方格里只能放一枚，摆放完后，要使得每一横列和每一纵列都有 3 枚硬币……然后我会用硬币让你做一个小游戏。"

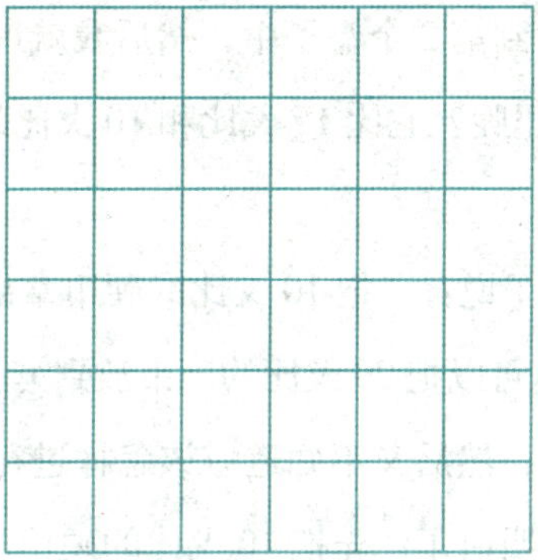

图 3–16

哥哥拿过 3 个盘子摆好，把一摞硬币放入第一个盘子中，硬币的摆放次数如下：最下面是 1 卢布，它上面是 50 戈比，再上面是 20 戈比，20 戈比的上面是 15 戈比，15 戈比的上面是 10 戈比。

"现在把这些硬币转移到第 3 个盘子中，但要遵照下面的规则：一、每次只能移动一枚硬币；二、面值小的一定要在面值大的硬币之上；三、在不破坏前两条规则的前提下，可以暂时把硬币放在第 2 个盘子中。转移完成后，要保

图 3–17

证硬币的摆放顺序像在第一个盘了中顺序一样。这个游戏规则很简单，你开始吧。”

我开始转移硬币了。先把 10 戈比的硬币拿出来放到第 3 个盘子中，再把 15 戈比的硬币拿出来，放到第 2 个盘子中，然后我就进行不下去了。20 戈比的硬币拿出来后要放在哪里呢？它比 15 戈比和 10 戈比的硬币都大，不能放到它们的上面。

哥哥看着我发愁的样子说：“把 10 戈比的硬币拿出来放到第 2 个盘子中的 15 戈比的硬币上面，就可以把 20 戈比的硬币放到第 3 个盘子中了。”

我按哥哥教的去做了，然后又不知道应该怎样进行了。50 戈比的应该放到哪儿呢？但我很快就想明白了，先把 10 戈比的硬币放到第 1 个盘子中，把 15 戈比的硬币放到第 3 个盘子中，再把 10 戈比的也放到第 3 个盘子中。然后就可以把 50 戈比的硬币放到第 2 个盘子中，接着，我又进行了几次挪动后，终于成功地完成了任务，现在，我已经把整摞硬币按要求挪到第 3 个盘子中了。

哥哥夸奖了我一番后问我：“你完成这个任务一共挪了多少次硬币？”

“我没记。”

“我们可以算一算，如果能知道挪动最少次数就可以完成任务，那不是更有意思吗？如果需要移动的硬币只有 15 戈比和 10 戈比这 2 枚，而不是 5 枚，那么移动几次可以完成任务呢？”

“3 次。先把 10 戈比的硬币拿出来放到第 2 个盘子中，再把 15 戈比的硬币放到第 3 个盘子中，最后把 10 戈比的硬币放到第 3 个盘子中的 15 戈比硬币上面就行了。”

“完全正确。现在再加一枚 20 戈比的硬币，也就是说，现在一共是 3 枚硬币了。再算一算一共要移动几次。我们可以先把两枚面值较小的硬币挪到第 2 个盘子中，但前提是要按照前面说过的规则挪动，这我们刚才已经知道了，需要挪动 3 次，再把 20 戈比的硬币放到第 3 个盘子中，这需要一次。再把第二个盘子中的 2 枚硬币按规则转移到第 3 个盘子中，这需要挪动 3 次。一共就是 3 + 1 + 3 = 7 次。”

“再计算挪动 4 枚硬币需要几次，先把 3 枚面值最小的硬币挪到第 2 个盘子中去，这需要挪动 7 次。再把 50 戈比的硬币挪动到第 3 个盘子中，需要 1 次，最后把这 3 枚硬币挪到第 3 个盘子中，需要 7 次，一共是 7 + 1 + 7 = 15 次。”

“没错。那么，要挪动 5 枚硬币呢？”

“15 + 1 + 15 = 31 次。”

“你现在已经知道如何计算了，其实这道题还有一个更简便的计算方法。你看，我们计算出来的几个次数：3、7、15、31，这些数字都是用 2 的几次方再减 1，你来看。”

哥哥画了一个表格：

$3 = 2\times2 - 1$；

$7 = 2\times2\times2 - 1$；

$15 = 2\times2\times2\times2 - 1$；

$31 = 2\times2\times2\times2\times2 - 1$。

“我知道了，要挪动几枚硬币，就是 2 的几次方再减 1。现在我能计算出挪动任意数目的硬币需要的次数了。比如说要挪动 7 枚硬币：$2\times2\times2\times2\times2\times2\times2 - 1 = 127$”。

“这个古老的游戏你已经完全弄懂了。只要记住：如果要挪动的硬币数目是奇数，那就把第 1 枚硬币放到第 3 个盘子中；如果是偶数，就把第 1 枚硬币放到第 2 个盘子中。”

“你说这个游戏是‘古老的游戏’？不是你自己想出来的吗？”

“当然不是了，我只是把它转换了一下，用硬币来做这个游戏而已。这个游戏有非常悠久的历史，发源于印度，还有一个古老的传说。巴纳拉斯城有一个寺院，神创造世界的时候，印度的婆罗门神制作了三根镶有钻石的木棍，还在其中一根上放了 64 个金环，他把这三根木棍放在了这个寺院中。寺院里的祭司要日夜不停地把这些金环在第三根木棍的帮助下从一根木棍挪到另一根木棍上，挪动金环时要遵守大环不能在小环之上这个规则。传说中讲：等把 64 个金环全部成功地转移到另一根木棍上时，世界末日就来临了。”

“那如果这个传说是真的，世界末日早该来临了。”

“你认为成功转移这 64 个金环用不了多长时间吗？”

“那当然，如果一秒钟移动一个金环，那么一个小时就能移动 3600 次呢。”

“那又怎么样？”

“那一昼夜就可以挪动 86400 次，10 天就是 864 000 次，86.4 万次应该可以转移不止 64 个金环了吧？”

“你错了！要转移 64 个金环要用的时间是 5 000 000 000 000 年。”

“怎么可能呢？转移这些金环需要的次数是 2 的 64 次方，等于……”

“‘只有’1844 亿亿多……”

“慢着，我要计算一下，这根本不可能的。”

“非常好，你在计算这个结果时，我就能把自己的事完成了。”

哥哥把我一个人扔在这里计算，自己离开了。我先计算了 2 的 16 次方，就是把 16 个 2 相乘，就是 655 36，再用 655 36 平方后再平方。虽然这样的计算非常枯燥，可我还是耐着性子计算着，最后终于得出了结果：

18 446 744 073 709 551 616

也就是说，哥哥的答案才是正确的。

我振作精神，开始解答哥哥给我出的其他题目。这些题做起来并不难。比如说把11枚硬币放入10个盘子里的题目吧，我把第1枚硬币和第11枚硬币放入第一个盘子，这时已经放好2枚硬币了，再拿第3枚硬币放入第2个盘子中，依此类推。可是第2枚硬币呢？它好像被漏掉了，这就是这道题的秘密。

看（图3–18和图3–19），你就知道如何按规则排列硬币了。

如图3–20所示，这就是把硬币放入小方格的题目的解法：在有36个小方格的大正方形中放入18枚硬币，使它们每一横排和每一纵排的硬币数目都是3枚。

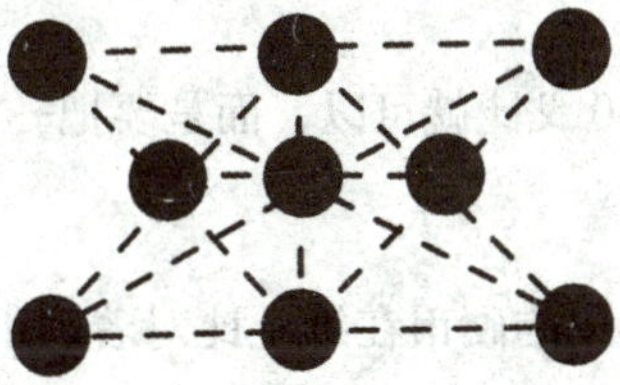

图3–18 把9枚硬币摆成10列，每列3枚。

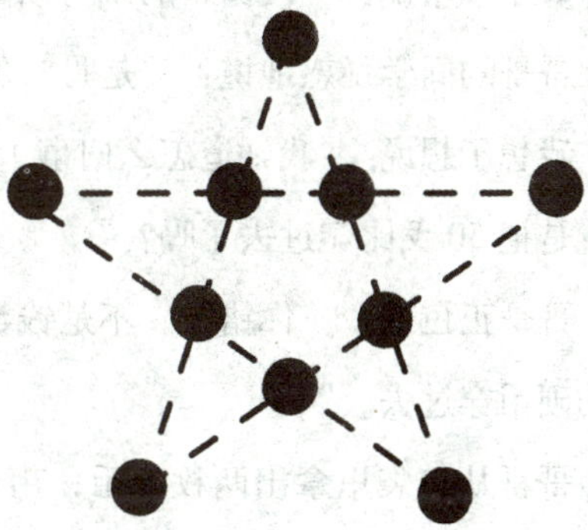

图3–19 把10枚硬币摆成5列，每列4枚。

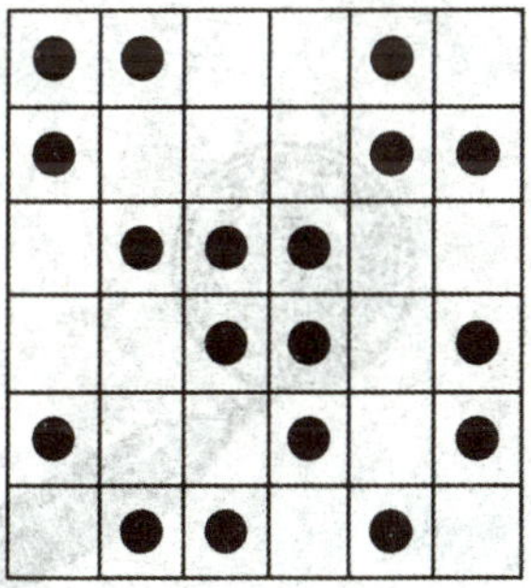

图3–20 在有36个小方格的大正方形中放入18枚硬币，每格中只能放一枚，并使每一横列和每一纵列的硬币数目是3枚。

3.3 早餐时间的小游戏

吃早餐时，哥哥的同学说：“昨天有人给我出了一道题，特别有意思，在纸上剪一个窟窿，大小和 10 戈比硬币一样，要求把一枚 50 戈比的硬币从这个洞里穿过去，这听起来根本就是无稽之谈，但他却信誓旦旦地说，这是完全可以做到的。”

哥哥回答：“那我们就来试试这件事到底能不能做到。”他查了一下笔记，又计算了一下说：“没错，的确可以做到。”

哥哥的同学疑惑地说：“是吗？怎么可能呢？”

我想了想说：“我知道怎么回事了，把 5 枚 10 戈比的硬币一个一个穿过去，不就是把 50 戈比穿过去了吗？”

哥哥正色道：“你错了，不是钱数够 50 戈比就可以，而是要把一枚 50 戈比的硬币穿过去。”

哥哥从口袋里拿出两枚硬币，用 10 戈比的硬币在纸上比对着画出一个轮廓，用剪刀剪出来。

图 3-21

图 3—22

“现在，我们把 50 戈比的硬币从这个洞中穿过去。”

我好奇地看着哥哥操作，他把这张纸折起来，拉扯着剪出的那个圆洞，使它成为一条细长的缝隙，在我们惊讶的目光注视下，哥哥拿过 50 戈比的硬币，轻松地把它从这条细缝中穿了过去。

哥哥的同学说：“这虽然是我亲眼所见，可我还是不懂，你剪出的那个圆洞的周长比 50 戈比硬币的周长短，它怎么可能穿得过去呢？”

“等一下你就知道了，我测量过，10 戈比的硬币直径是 $17\frac{1}{3}$ 毫米。它的周长即这个圆洞的周长约是直径 $3\frac{1}{7}$ 倍，那么，这个周长大于 54 毫米。简单计算一下，我把这个圆洞折成细缝时，这个长度差不多就是周长的一半了，它的长度要大于 27 毫米，而 50 戈比的硬币的直径是小于 27 毫米的，所以它完全可以从这条细缝中穿过去。当然还要考虑一下硬币的厚度，我在比着硬币画这个圆时，一定比硬币本身要大，那么硬币的厚度就可以忽略了。”

哥哥的同学说：“哦，我懂了。就像用一根线把 10 戈比的硬币箍起来，再把它固定成一个线圈，那么，50 戈比的硬币就可以穿过活套，但却无法穿过线圈。”

妹妹说：“哥哥，你是不是把所有硬币的尺寸都记住了？”

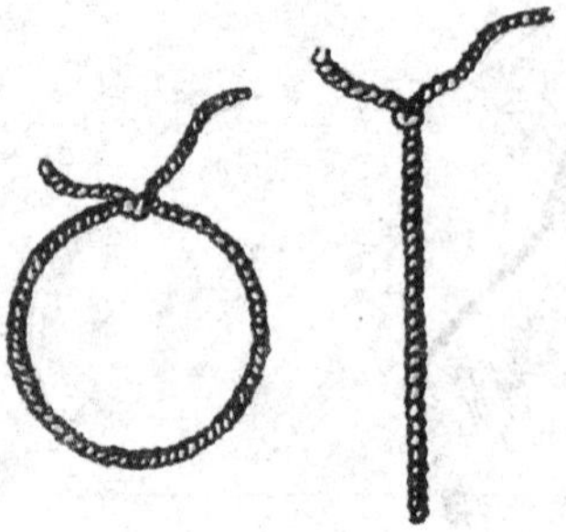
图 3—23

“那倒没有，我只是记住了几个容易记住的，其余的我记在了笔记本上。”

“还有容易记的吗？我怎么觉得哪个都很难记。”

“别这么认为，把三个 50 戈比的硬币排成一条直线，它的长度是 8 厘米，这很容易记吧？”

哥哥的同学坦白地说：“这个我倒没想到，其实只要知道了硬币的尺寸，就可以用它进行计算了。对于像鲁滨逊一样在外旅行的人，随身携带的 50 戈比硬币能帮上他很大的忙。”

“儒勒·凡尔纳小说中的主人公也这样做过，因为法国的硬币尺寸和米尺之间存在非常简单的比例关系，而且这些硬币还能在我们称重时帮上忙，1 卢布的硬币重 20 克，50 戈比的硬币重 10 克。”

妹妹问：“那 1 卢布硬币的体积是不是 50 戈比硬币体积的 2 倍？”

“是的，正好 2 倍。”

妹妹提出了疑问：“如果 1 卢布硬币的厚度不是 50 戈比硬币的 2 倍，那么 1 卢布硬币的直径也不是 50 戈比硬币的 2 倍了？如果一枚硬币的直径和厚度都是 50 戈比硬币的 2 倍，它的体积应该是 50 戈比硬币的多少倍？”

“我知道，应该是 4 倍。”

“不对，应该是 8 倍才对。因为一枚硬币的直径如果是 50 戈比硬币的 2 倍，则其周长也应该是 50 戈比硬币的 2 倍，由于厚度是 50 戈比硬币的 2 倍，所以它的体积应该是 50 戈比硬币的 $2\times2\times2=8$ 倍才对。”

哥哥的同学说：“如果这枚硬币的体积是 50 戈比硬币体积的 2 倍，那么这两枚硬币的体积的三个对应系数之比相乘的结果应该是 2 才对。”

“是的，这个比例大约是 $1\frac{1}{4}$。$1\frac{1}{4}\times1\frac{1}{4}\times1\frac{1}{4}$ 的结果约为 2”。

“可实际情况呢？”

“实际情况就是这样的，1 卢布硬币的直径是 50 戈比硬币的 $1\frac{1}{4}$ 倍。”

哥哥的同学说：“这件事让我想起一个故事，故事中的人梦到有一枚立起来有 4 层楼那么高的 1000 卢布硬币，假如真的有那样的硬币，它连人的高度都不会达到。”

哥哥赞同地说：“是的。$10 \times 10 \times 10 = 1000$，所以这枚硬币的直径是 1 卢布硬币直径的 10 倍。也就是说，它立起来只有 33 厘米高，只相当于一个成人身高的$\frac{1}{6}$，绝不像那个故事中的那个人梦到的 33 米高。”

“根据这个结论可以推断出，如果一个人比另一个人高 $\frac{1}{4}$，也比他胖 $\frac{1}{4}$，那么他的体量应该约是这个人的 2 倍。”

“没错！”

妹妹问：“那巨人的重量会不会是侏儒的差不多 10 倍呢？”

哥哥回答：“岂止，是几百倍。我看过相关资料，世界上最高的人比人的平均身高高出 1 米，他是阿尔萨斯的一位强壮的男人，身高是 275 厘米。”

“侏儒呢？”

“我在资料上看过，成年侏儒的身高在 40 厘米以下，也就是巨人身高的$\frac{1}{7}$。如果把这个巨人和一个侏儒放在天平的两端，一边放一个巨人，另一边就要放一大群侏儒：$7 \times 7 \times 7 = 343$ 位。”

妹妹想了想说：“我在实际生活中遇到过一道难题，现在一起帮我解决了吧。两个大小

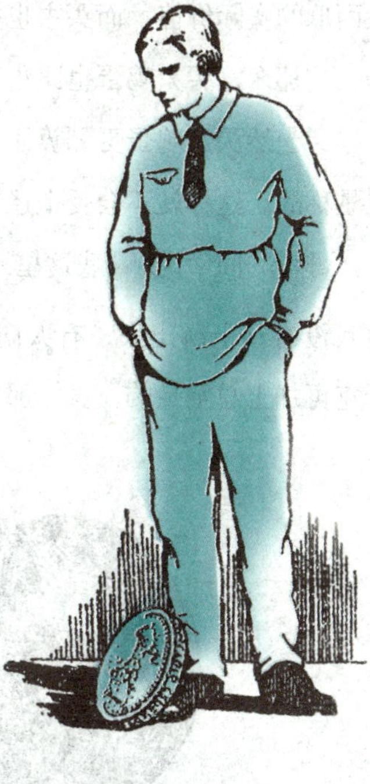

图 3–24

不同的西瓜，一个的直径是另一个的 $1\frac{1}{4}$ 倍，价钱是另一个的 1.5 倍，买哪个更划算呢？"

哥哥看着我说："这道题你来解吧。"

"大西瓜的价格比小西瓜贵 0.5 倍，而其直径只是小西瓜的 $1\frac{1}{4}$ 倍，我认为还是买小西瓜更划算。"

"不，我们现在在研究，一个物体的长度、宽度、高度都是另一个物体的 $1\frac{1}{4}$ 时，它的体积就是另一个物体的 2 倍。而大西瓜的价格是小西瓜的 1.5 倍，体积却是小西瓜的 2 倍，就是说买大西瓜更划算了。"

哥哥的同学不解地问："可为什么大西瓜的要价只是小西瓜的 1.5 倍，而不是 2 倍呢？"

"因为那些营业员和买主并不懂几何学，所以他们不知道怎么买卖东西更划算。其实买西瓜时，大西瓜永远比小西瓜更划算，因为那些营业员并不了解大西瓜的实际价值，而买主也并不知道。"

"那么，买大鸡蛋也比小鸡蛋划算了？"

"当然买大鸡蛋更划算了。德国的营业员就非常聪明，他们卖鸡蛋时是按重量称的。这样就不会受上述因素影响了。"

哥哥的同学说："我这里还有一道非常有意思的题目，也是别人考过我的，但我没有马上解出来。有人向捕鱼的人询问他捕了多少鱼，捕鱼人说：'$\frac{3}{4}$ 千克再加上总重量的 $\frac{3}{4}$。'那么他捕的鱼总重量是多少呢？"

图 3—25

哥哥说："这道题目很简单，$\frac{3}{4}$千克是总重量的$\frac{1}{4}$，鱼的总重量是$\frac{3}{4}$千克的4倍，就是3千克。我这里有一道更复杂的题目，你们尝试着解出来，世界上有没有头上的头发数目完全相同的人？"

我立刻抢着回答："我知道，光头的人头上的头发数量一样。"

"不是光头呢？"

"如果不是光头，那就不可能有头发相同的人了。"

哥哥说："不光不是光头，而且我还想问，莫斯科有没有头发数目相同的人。"

"有时候碰巧或许会找到这样的人，但我认为这是不可能的，头发数量完全相同的人，不仅在莫斯科，哪怕全世界都不会有，我可以为此赌上1000卢布。"

"如果我是你，我1戈比都不会赌，因为你输定了。我知道要找到这样的两个人肯定不是容易的事，但我确信，这样的人在莫斯科至少有几十万对。"

"什么？你开玩笑吧？在莫斯科就有几十万对吗？"

"我没有开玩笑，你们说，莫斯科的人数和人的头发哪个更多一些？"

"当然是莫斯科的人数更多了，那又怎么样？"

"怎么样？一会儿你就知道了。如果莫斯科的人数比人的头发数量更多，那么头发数量就会出现重复，假设人的头发平均数量为20万根，那么莫斯科的人口数量就是它的8倍。假如莫斯科20万人的头发数目都不相同，那么第200001个人有多少根头发？他的头发数目同样在20万根以下，所以他头发的数目一定和那20万人中的某一个人的头发数目一样，也就是说，第二个20万莫斯科人，他们的头发都会和第一个20万人的头发数目有重复。就算莫斯科只有40万人，最少也有20万对人的头发数目是相同的。"

妹妹点点头说："我懂了，我刚才对这件事考虑得欠周到了。"

哥哥继续说："还有这样一道题，两个城镇中间隔着一条河，它们的距离是：轮船顺流航行4个小时的距离，如果逆流航行，则需要6小时，那么一块木板需要多长时间才能飘过这段距离？你来解这道题。"哥哥对我说，"你完全有能力解答这道题，你不是已经学过分数了吗？现在我们来玩猜数字的游戏，你们出题，我来猜。你随便说一个数，把这个数乘以9，再从所有的几位数中去掉0和9以外的任何一位数字，把剩下的一位或几位数字按任意顺序念出来，我就知道你们去掉了哪个数字。”

我们按哥哥要求的去做了，结果我们刚把数字按顺序念完，他就能立刻说出我们去掉的那个数字是什么。

面对我们的疑惑，哥哥并没有给予解释，而是接着往下说：“再来玩个别的游戏。你们想出一个任意的数字，在这个数字后面加上一个0，再减去这个数字，再加上63，然后去掉任意一个数字，把其余数字念出来，我也能猜出你们去掉了哪个数字。”

我们依次把没有去掉的数字念给哥哥听，他又准确地说出了我们去掉的那个数字。

哥哥说：“你随便写一个三位数，在它后面添上这个三位数，再用这个六位数除以7。”

“如果除不尽怎么办？”

“一定可以除尽，不会有余数。计算出结果后，把这个结果给妹妹。”

我计算后才知道，这个数字除以7真的可以除尽，我把这个结果写在纸上交给了妹妹。

哥哥告诉妹妹：“你再把这个结果除以11。”

“也能除尽吗？”

“是的。你把这个结果交给我同学。”

妹妹把这个结果交给了哥哥的同学，哥哥又让他用这个数字除以13。

“难道也可以除尽吗？”

“是的。好了吗？”

哥哥从他同学手中拿过那个结果交给我，说：“这就是你刚才写下的那个三位数。”

我拿过纸片一看，真的是我刚才写下的那个三位数。

妹妹拍手欢呼着："太神奇了！"

哥哥说："这只是一个非常简单的小魔术，我一会儿会再给你们变一个小魔术，和这个魔术一样简单，你们写出三个多位数，在这，我可以说出它们的和，你现在随便写一个 5 位数。"

我随意在纸上写下了 67834。哥哥在这个数字下面留了一点空白，因为还要写另外两个数，在最下面划了一条横线，写下了一个结果：

（我）	67834
	————
（哥哥）	167 833

"你们三个人，谁来写第二个加数都可以，我写第三个。"

哥哥的同学在纸上写下了 39458 这个数字：

（我）	67834
（哥哥的同学）	39458
	————
（哥哥）	167 833

哥哥拿过纸片，快速地写上了第三个加数：

（我）	67834
（哥哥的同学）	39458
（哥哥）	60541
	————
（哥哥）	167 833

我们立刻把这个算式计算了一下，果然是正确的。

"难道你这么快就能计算出前两个数的和，再用结果减去它？"

"这个我可做不到。这只是一个算术小魔术，8 位数也可以的，你们想试试吗？"

结果哥哥仍然准确无误地填出了算式中的两个加数，下面就是这个算式，前面的罗马数字表示的是填写的顺序：

Ⅰ（我）	234 798 53
Ⅲ（哥哥的同学）	723 421 86
Ⅳ（妹妹）	586 677 83
Ⅴ（哥哥）	413 322 16
Ⅵ（哥哥）	276 578 13
Ⅱ（哥哥）	223 479 851

我在纸片上写下第一个数字后，哥哥就准确地写出了结果。

“你们是不是觉得，我是先把这些加数的和计算出来，再用结果减，把得出来的数字拆成两个加数。其实这么复杂的计算我是做不到的，我用的方法非常简单，你们有时间可以好好琢磨琢磨，一定能想明白的。”

哥哥的同学说：“好，明天我去莫斯科，可以用这道题目来打发坐车的时间。”

“你想打发坐车的时间，我这里还有几道题，你可以尝试着解答：用5个2怎样写出数字7？”

“你又在开玩笑了？”

“不，我可没开玩笑。这道题可以这样理解：一个算式的左边只能出现5次2，可以单独出现，也可以组合出现，再加上运算符号，使它们的结果为7。我可以给你举出一个这样的例子，下面就是5个2得出1个7的式子：$2+2+2+\frac{2}{2}=7$。”

“我知道了，我也能写出一个这样的算式：$2\times2\times2-\frac{2}{2}=7$。”

“好，既然你已经知道这个游戏的规则了，那么请列出以下几种算式：

用5个2写出28；

用4个2写出23；

用 5 个 3 写出 100；

用 5 个 1 写出 100；

用 5 个 5 写出 100；

用 4 个 9 写出 100。”

哥哥的同学问他：“你是不是会用火柴变小魔术？能不能给我们表演一下？”

“没问题，是我前段时间在你家里表演的那个吧？”

哥哥拿出 8 根火柴，把它们随意摆在桌上，然后告诉我们，他一会儿会到隔壁房间回避一下，然后我们任意一个人选一根火柴，只要用手碰一下就行，但不能移动它。他回来能猜出在他不在的时候，那个人选中的火柴是哪一根。

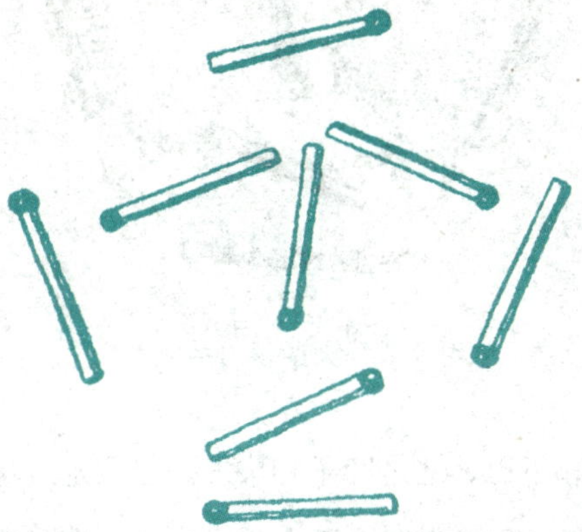

图 3–26 哥哥“随意”地把 8 根火柴摆在桌上

哥哥出去后，我把门关好，还把锁眼也用纸堵严，妹妹用手指碰触了一下其中的一根火柴，然后我们把哥哥叫进来，“哥哥，现在你可以进来了。”

哥哥到桌子前，准确地找出了妹妹刚才碰触过的那根火柴。

这样猜了10次，哥哥每次都能猜对，不管是我还是妹妹，或者是哥哥的同学碰触了火柴，他都能猜中。

我和妹妹觉得这太神奇了，惊讶得不知道该说些什么，哥哥的同学在旁边哈哈大笑，我们都很着急，想赶紧知道这个魔术的奥秘。

哥哥终于把秘密说了出来："我来告诉你们魔术的秘密。"哥哥指着他的同学说："这位就是我魔术的助手。我用火柴在桌子上摆出了他的脸。虽然不是特别像，但也能区分出来，两根火柴是眼睛，上面的是额头，这两根是耳朵，

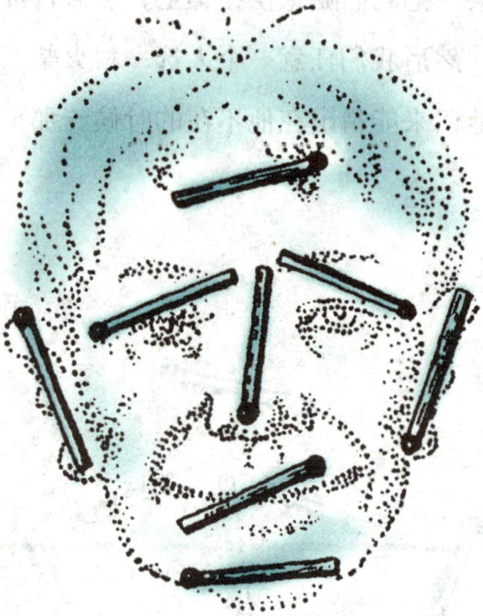

图 3–27 火柴摆出的人脸

这是鼻子，这是嘴和下巴，这是脖子和头发。当我走进房间时，都会先看看我的助手，他有时会摸下巴，有时会眨左眼或右眼，有时会挠鼻子，这样我就能轻松地知道你们挪动了哪根火柴了。"

妹妹对哥哥的同学说："原来你和哥哥是一伙的，如果我早知道，我摸火柴的时候一定不会让你看到。"

哥哥大笑着说："如果那样的话，我就不可能猜得出来了。好了，现在我们这顿早餐可以结束了，早餐的时间做了几个小游戏，这顿饭吃的时间未免太长了。"

至于哥哥让我单独解答的那道题，你应该也知道解法了吧？

轮船和木板的题目解法如下：如果轮船在顺流中走完全部距离要航行 4 个小时，那么它一个小时航行的距离就是全部距离的$\frac{1}{4}$。在逆流中，它的速度是全部距离的$\frac{1}{6}$。那么用距离的$\frac{1}{4}$减去距离的$\frac{1}{6}$的结果就是河水在 2 个小时内流过的距离，其数值是水流流速的 2 倍。之所以是 2 倍，是因为距离的$\frac{1}{6}$是轮船本身的速度与水流的速度之差，而距离的是$\frac{1}{4}$轮船的速度与水流的速度之和，这两个结果之差的数值就是水流速度值的2倍。因为$\frac{1}{4}-\frac{1}{6}=\frac{2}{24}$，也就是说，河水每小时流过的距离是全部距离的$\frac{1}{24}$，那么，它流完全部的距离就需要 24 小时，也就是木板飘过全部距离所需要的时间。

去掉数字的那个题目的迷底是这样的：一个能被 9 除尽的数中的各数字之和也可以被 9 除尽，在第一种情况下，把想出来的这个数字乘以 9，那么这个数中的所有数字之和就可以被 9 除尽，根据这点就可以知道给出的数字中再加上一个什么数字加起来可以被 9 除尽。还有，如果把数字 0 或 9 去掉，剩余的数字之和仍然可以除尽 9，所以不可以把这两个数除去。

在第二种情况下，给出的数字先乘 10，就是添一个 0，得出的结果再减去这个数字，就等于把这个数字乘以 9，加上的 63 也是可以被 9 除尽的，所以得出的结果也能除尽 9，剩下的你想想就知道了。

再看这个除以 7、11、13 的小魔术，这个小魔术看上去非常神奇，其实是非常简单的，在这个数字后面再添上这个数字时，就等于是把这个数字乘上 1001，就是：

$723\,723=723\,000+723=723\times1000+723=723\times1001$。

而 $1001=7\times11\times13$。用你想出来的那个数字分别除以 7、11、13，也就等于用这个数字除以 1001，得到的当然是你最初想出来的数字。

猜总和的那道题也不难，你们有没有注意一点：哥哥最早写出的总和数目比我写出的数字大 999 99：$167\,833-678\,34=999\,99$（要加 999 99，可以用先加 100 000 再减 1，这样算更简便）。接着哥哥的同学写下了 394 58，这个数和哥哥写下的数之和就是 99 999，不要认为要计算出这个结果有多难，其实只要用 9 减去数字之和就行了。

在第二种情况下，哥哥用的也是这样的方法，只是最后的总和是 $2\times99\,999\,999$，只要能使几个加数的和结果为两个 99 999 999 就行了。

还有最后一道题，解法是这样的：

$28 = 22 + 2 + 2 + 2$；

$23 = 22 + \frac{2}{2}$；

$100 = 33\times3 + \frac{3}{3}$；

$100 = 111 - 11$；

$100 = 5\times5\times5 - 5\times5$ 或 $100 = (5 + 5 + 5 + 5)\times5$；

$100 = 99 + \frac{9}{9}$。

3.4 在迷宫中走失

哥哥问我：“你对着那本书在笑什么？那里面有什么有趣的事吗？”

“特别有意思，我在看杰罗姆的《三怪客泛舟记》。”

“那本书非常不错，你现在读到哪儿了？”

“一群人在一个花园迷宫中走来走去也找不到出口。”

“这个有意思，念给我听听。”

于是，我把书中关于在迷宫中迷路的内容念给哥哥听：

哈里斯问我有没有去过汉普顿迷宫，他曾经对迷宫的地图进行过深入的研究。迷宫的构造其实非常简单，他认为为了去一趟迷宫而花钱是不值得的。他这次只是为了给朋友当向导才来到这个迷宫。

他对朋友说："如果你想去，我乐意奉陪。只是那儿可没有你想象中那么有趣。我真不知道为什么要把它叫做迷宫。其实一到转弯的地方就往右转就可以了，要走完这个迷宫只需要10分钟的时间。"

他们来到迷宫，看到很多人都在这里迷了路，这些人在这里已经走了一个多小时，怎么也走不出去。哈里斯说，如果他们愿意，他能把他们带出去；他说自己一小会儿的时间就能走出去。这些人就像看到了希望一样，都很乐意跟着他走。

后来，又在迷宫里遇到了很多人，他们都愿意跟着哈里斯走，这使他的队伍更壮大了，还有人担心自己永远也无法从这个迷宫里走出去，这样的话，就永远和自己的亲人、朋友永别了。他们一见到哈里斯就非常兴奋地跟着他走，还一再向他表示感谢。哈里斯说，当时他的队伍有20人以上，其中有一位妇女，她抱着孩子在迷宫里走了一上午也没有找到出口，她紧紧地抓着哈里斯的胳膊，就怕把自己弄丢了。哈里斯在遇到转弯的时候一直向右转，可路却越来越长了，后来哈里斯告诉朋友："这个迷宫其实非常大。"

哈里斯说："这个迷宫是全欧洲最大的迷宫。"

他的朋友说："是的，我们已经走了两里多路了。"

哈里斯也觉得奇怪，他振作了一下精神，继续向前走，走了一会儿，人们看到地上有一块蛋糕，哈里斯的朋友说，7分钟之前他们从这里走过，看到过这块蛋糕。

哈里斯不同意朋友的说法，"这怎么可能？"可抱着孩子的妇女说："一定是的，因为这蛋糕就是我在遇到你之前亲手扔在这儿的。"她开始不再信任哈里斯，认为遇到他是个错误，还认为他根本就是一个骗子。哈里斯把地图拿出来，向众人讲述了自己的想法。

队伍中的一个人说："就算你有地图有什么用呢？你现在连自己在哪儿都不知道。"

没错，现在哈里斯的确不知道自己身在何处了，所以最好的办法就是回到出发的地方重新走一遍。大家并不同意重新开始，但却希望能回到出发的地方。于是大家又跟着哈里斯向相反的方向走，过了10分钟，他们又回到迷宫的中央了。

哈里斯面对这样的情况本来想告诉大家自己是故意这样做的，但他看到大家都非常生气，就只能说这一切只是意外。

可事情已经这样了，总得向某一个方向走吧。现在他们已经能够确定自己的位置了，所以他们又开始研究地图，这时他们认为，想要走出这个迷宫其实并不是非常难的事，大家振作精神，又再次出发了。

三分钟以后，他们居然又回到了迷宫的中央。

后来，人们对哈里斯不再信任，不愿意继续和他走下去了，不管他们怎样走，一段时间后，都会回到迷宫的中心，这样反复了几次，一部分人就不再走了，另一部分人仍在走，但一会儿还是会回到迷宫中央。哈里斯又把地图拿出来研究，这时大家已经非常生气了。

大家互相争吵着，最后把管理员叫来了，管理员爬上梯子，告诉人们应该往哪里走。但大家这时头脑已经不清楚了，什么都听不明白，管理员又喊，“我现在就过去，你们都别动。”大家就待在原地耐心等待着管理员来解救自己。

这是一个年轻的小伙子，还是一个新手，他来到迷宫，他没有找到那群人，自己却迷了路。人们能看到他在围墙的那面跑来跑去，他也能看到这群人，而且一直在向他们的方向跑，可过不了多久就又会回到原地，他却认为是那群人移动了位置。

这群人不再对这年轻的新手寄予希望，只等着经验丰富的管理员能赶快来救他们。

我把故事读完之后，好奇地说：“他们太笨了，手里有地图，还能迷失方向。”

“你认为要找到出路是很容易的事吗？”

“当然了，他们手里有地图啊？”

哥哥一边在书架上翻找，一边说：“我这里有一张这个迷宫的平面图，你可以看一下。”

“真的有这个迷宫吗？”

“汉普顿迷宫？那当然了，离伦敦不远，有两百年的历史。啊！找到了，

图 3–28 汉普顿迷宫平面图

你看汉普顿迷宫（图 3–28），其实这个迷宫只有 1000 平方米，并不是很大。”

哥哥把书打开，拿出一张不太大的平面图。

“你来看一下，如果你身处这个迷宫的中央，怎样走才能找到出口？你可以用一根火柴帮你指路。”

我拿起一根火柴，点在迷宫的中央，然后自信地沿着图上弯曲的线路移动火柴，我认为这件事非常简单，但事实并非如此。我在这张平面图上绕了几圈之后就和故事中的那些人一样回到了迷宫的中央。

“这怎么可能呢？这个迷宫很简单的，而且我是在一张平面图上走，怎么会这么复杂呢？”

“其实有一个非常简单的方法，可以让你随意出入任何迷宫，都能轻松地走出来。”

“什么简单方法？”

“就是当你进入迷宫之后，一直沿着左手边或右手边的墙向前走。”

“只是这样吗？”

“是的，你可以用这个方法试着走出这个迷宫。”

不一会儿，我就按哥哥的方法轻轻松松地找到了迷宫的出口。

“这个办法太好了。”

哥哥摇摇头说：“其实这个方法也不是很好，它只能使你不至于在迷宫里走失，但却无法走遍迷宫里所有的道路。”

“可我刚才已经走遍了迷宫里所有的小路了。”

“不是的，你可以按你一开始的走法再走一遍，并用虚线把它标出来，你就会知道有一条路你是从来没有走过的。”

“哪条？”

图 3–29 走出迷宫的方法

“这条小路我用星号在平面图上标出来了(图 3–29)，这条路你没有走过。我教过你的方法可以使你走遍迷宫的大部分地方，还不会迷路，但你却没办法用这个方法看到迷宫的全部。”

“世界上有很多迷宫吗？”

“非常多，一般情况下，人们都会在花园和公园里修建迷宫，这样的话，大家就可以在高高的围墙里面散步了。其实在古代，迷宫都是修建在非常宏大

图 3-30 古代迷宫示意图

的建筑物，或是地下室里面的，这样做的目的非常残忍，就是为了让那些闯进迷宫里的人在由走廊、过道和大厅组成的复杂路线中迷路，最后被饿死。比如在克里特岛上就有这样的迷宫，这个迷宫据说是一位叫米诺斯的国王下令修建的。这个迷宫的道路非常复杂，就连它的建造者代达罗斯都无法找到出路。”对于这个迷宫，罗马诗人奥维德是这样描述的：

“当时的建筑天才代达罗斯修建了一栋房子，这栋房子中带有一个庞大的迷宫。迷宫被围墙和屋顶封严。房子里只有一道道弯曲的长廊，它向不同的方向延伸，使身陷其中的人眼花缭乱。”

诗人还说：

“代达罗斯在这个迷宫中修建了很多道路，以致于自己也经常在这迷宫中迷路。”

哥哥继续说：“还有一些古代的迷宫，是为了保护国王的陵墓而修建的。

把国王的陵墓放在迷宫的中央，那些盗墓贼就算能走到迷宫的中央，即使找到陵墓的宝藏，也无法从这迷宫中走出去，而且就会葬身在国王的坟墓中。”

“那么刚才你教我的那个好办法他们不知道吗？”

“在古时候，他们并不知道有这个好办法，还有就是因为，想要走完这个迷宫的所有角落用这个方法是无法做到的，但修建迷宫的时候可以用到这个方法，可以使迷宫中央的宝藏错过这些路。”

“能不能修建一个不可能走得出来的迷宫呢？当然用你的方法可以走出去，但如果让这个人在迷宫里面转几圈呢？”

“古代的人认为，只要迷宫的路非常复杂，进去的人就不可能找到出口，其实事实并非如此，我们用数学知识就可以证明，不可能修建出没有出口的迷宫。而且，只要按照正确的方法小心谨慎地走，就能既走遍迷宫的所有角落，也能顺利地找到出口。200多年前，法国植物学家图内福尔来到了克里特岛上的一个岩洞，传说这个岩洞里有无数的通道，就像一个迷宫一样，并且没有出口。这样的岩洞在克里特岛上有很多。米诺斯国王也许就是受这些岩洞的启发才修建迷宫的吧。图内福尔要怎样走才能不至于在岩洞中迷路呢？他的同胞，数学家卢尔斯就这个问题进行了阐述。”

哥哥转身从书架上拿出了《趣味数学》（卢尔斯）这本旧书，读出了下面的内容：

和同行的人沿着弯曲复杂的地下走廊走了一会儿之后，又来到一条宽阔的道路上，它的最前方是一个大厅。在这条道路上，我们已经走了1460步，大约用了半个小时时间。路的两旁有很多走廊，一不小心就会迷路。我们生怕走不出去，所以对来时的路记得非常清楚。

我们让一位向导在岩洞门口驻守，告诉他，如果天黑之前我们还没有出来，就赶紧请邻村的人来帮忙解救我们。而且我们每个人都拿着一根火把。在那些离开之后有可能不容易寻找的转弯处的地方上贴上了纸条，并在纸条上注明编号。还有一位向导，他预先准备了很多小捆的树枝，放在道路的左边，另一位向导则随身带着很多碎麦秸，并把它们洒在我们走过的路上。

哥哥念完之后说："其实完全没有必要像故事中的这些人那样小心，但在图内福尔的那个时代，迷宫的问题并没有得到解决，所以他们这样做可能是最好的方法了。我们现在已经把走出迷宫的方法研究透了，这个方法和法国植物学家的方法一样准确可靠，但比他的方法要简单多了。"

"到底是什么方法？"

"这个方法很简单。首先，进入迷宫后，如果没有遇到死胡同或交叉口就一直沿着路向前走，如果遇到死胡同了，就在死胡同的出口放两颗小石子作好标记，说明你已经在这里走过两次了，然后往回走。如果走到交叉路口，就任选一条路走，并在这两条路上放上两颗小石子作好标记。如果你又走到了你曾经走过的交叉路口，（从你作标记的石子上可以看出），而且在一条你没有走过的路上，你就要往回走，并在这条路的尽头用两颗石子作好标记。如果你又来到你曾走过的交叉路口上，就再作好标记，然后走那条你没有走过的路。直到你走遍所有的路，就找到你作的标记中只有一颗石子的路，沿着这条路向前走。只要按着这种方法走，就能走遍迷宫的所有角落，还不至于迷路。"

第4章

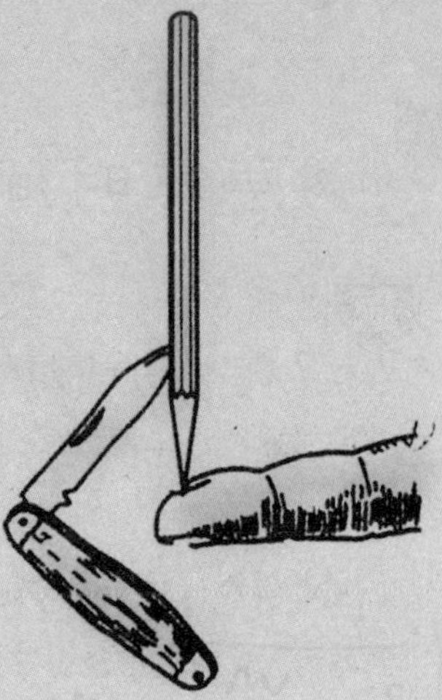

想想做做

4.1 等车时间

题

兄弟三人看完演出从剧院走出来，来到有轨马车的铁轨旁，想在车到站的时候跳进车厢（跳上有轨马车很容易，它不像有轨电车的速度那么快）。

等了很久，马车也没有到站，大哥让两个弟弟不要急，再等等。

老二说："干嘛要站在这儿等？我们可以利用等待的时间往前走，车到站时，我们就已经走了一段路了，到时我们再跳上车，就能更早到家了。"

老三不同意二哥的说法："我认为应该往回走，而不是往前走，那样的话我们就能早一点遇到迎面过来的马车，然后我们就跳上车，这样才能更早到家。"

三兄弟各抒己见，谁都认为自己的办法最好，于是三个人都按着自己的意思等车，老大在原地等，老二往前走，老三往回走。

那么这兄弟三人谁的办法更好？谁能最先到家呢？

解

老三往回走，遇到迎面过来的马车就跳了上去，马车经过老大等车的位置，他跳上去，最后，马车又追上了往前走的老二，他也跳了上去。兄弟三人同乘一辆车，所以他们会同时到家。

但兄弟三人最聪明的是老大，他不用费力，只在原地等待马车就行了。

4.2 谁数得最多？

题

两个人站在人行横道上，数在一个小时内从身边经过的人数，一个人站在人行横道的一边上原地不动，另一个人则在人行横道上来回走动。

这两个人谁数的路人更多？

解

两边人数的路人数目相同。事实上虽然站在人行道一边的人可以看到两个方向的路人，可来回走动的人却能看到比碰到的多一倍的路人。

4.3 气球的降落点

众所周知，地球在不停地自西向东的自转。能不能利用这一特点，进行一次花费少，速度快的旅行呢？可以这样。可以坐在气球上，把气球升到空中，然后就等着自转的地球把自己想去的地方转到气球的下方，这时只要把气球降落下来就行了。这样的话，可以一动不动地旅行了。只是要记住降落的时间，不然就会错过自己想去的地方，然后还要继续等，直到那个地方出现。请问，这样的旅行可行吗？

图 4-1

解

这样的方法是不可行的。地球自转的同时，大气也会跟着转，所以气球也会随着地球的自转而转，就算没有空气，它也只会悬在原来的地面上空，也就是说，不管气球在空中漂浮多久，它还是会降落在它升起的地方。

4.4 这样的情况会出现吗?

题

地球上会不会出现冬季炎热、夏季寒冷的现象?

解

对南半球而言会出现这样的情况。北半球是夏天时，南半球是冬天；北半球是冬天时，南半球是夏天。

4.5 3 = 4

题

在桌上摆3根火柴，用这3根火柴摆出4来。

不能添任何火柴，不能把火柴折断。

其实这道题有一个非常巧妙的解决办法，你知道是什么吗?

解

这道题仅供大家娱乐消遣之用。其实用这3根火柴是无法摆出4的，但要用它们摆出一个罗马数字Ⅳ就非常简单了。用这个方法，还能摆出6（Ⅵ），同样的道理，用4根火柴也能摆出7（Ⅶ）。

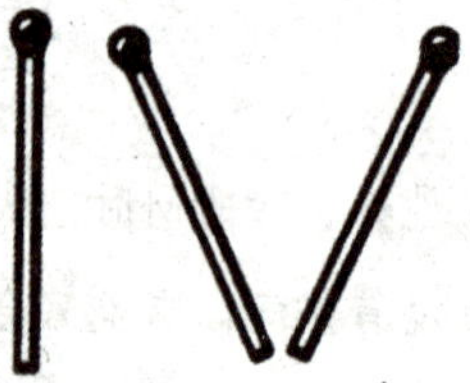

图 4—2

4.6 3＋2＝8

题

如果你知道前面那道题的解法了，那么下面这道题对你来说也很简单了，桌上有3根火柴，请再添2根火柴摆出一个8。

解

解法如下：

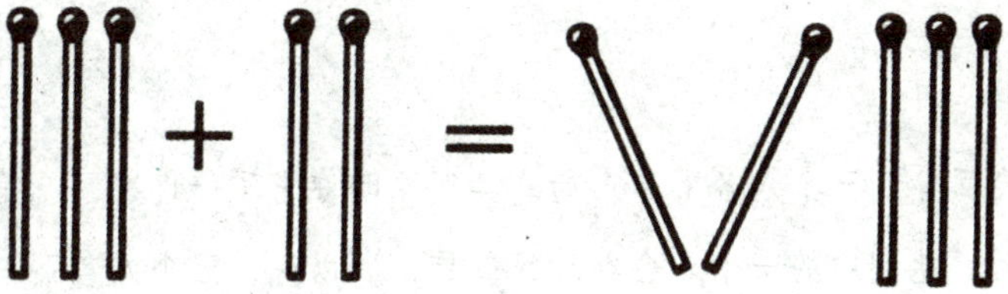

图 4—3

4.7 立在指尖上的铅笔

题

你能不能让铅笔削尖的一头稳稳地立在你的手指上？要求必须要让铅笔长时间地站立，就是往侧面拨弄它，它也不会掉落，并且还会恢复到从前的姿势。

这听起来似乎根本不可能，但只要你用心思考，一定能想出好办法。

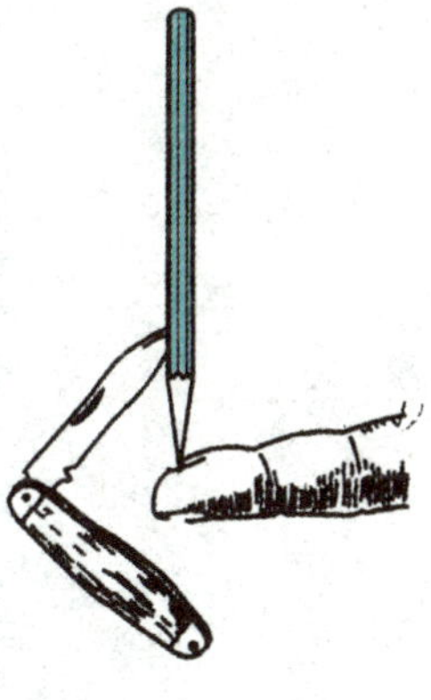

图 4—4

解

只要把折叠刀的刀片像图 4–4 中那样插入铅笔中，铅笔就能稳稳地立在指尖了，但要注意安全。你可能会认为这么重的折叠刀铅笔是不容易立稳的，其实它会立得很稳，如果你不相信，可以自己动手试验一下。

4.8 棋局数是多少？

题

三个人一共下了3局象棋。那么这三个人各下了几局？

解

可能你会回答：三个人各下了一局。其实这时你忘了一件事，就是当两个人下完一局后，他们中的一个人会继续第二局，所以说，三个人各下一局是不可能的。

正确答案是：三个人各下了两局。

第5章

神奇的图画

5.1 驯兽员呢？

题

你能看到下面图中的老虎，可你找到它的驯兽员了吗？他的脸是和老虎的头像画在一起了，你能把他找出来吗？

图 5—1

解

老虎的眼睛也是驯兽员的眼睛，只是他的脸和老虎的脸朝着相反的方向。

5.2 哪幅图更宽、更长？

题

下面两幅图，哪幅图更长、更宽？不要测量，只凭目测回答这个问题。

图 5—2

解

仅凭目测，左边的图形看起来比右边的图形更宽也更长。但经过测量后你会发现，这只是一种视觉的错觉，其实它们的长度和宽度都是相等的。

5.3 高多少？

题

仔细观察图 5-3 中三个人的背影，仅凭目测回答走在最前面的那个人的身高比后面两个人高多少？

解

目测完之后，再对三个人的身高实际测量一下，你会惊奇地发现：三个人的身高是一样的，你再次被视觉的错觉所欺骗了。

图 5—3

5.4 图上画的是什么东西？

题

你能说出下面图中的东西是什么吗？

这些图形都是根据实物画出来的，但要猜出它们是什么东西，仍然是件难事。

因为在绘图时，我们都把这些物品进行了转动，这就使你更不容易猜出来了，你可以尝试着猜一猜。

提示你一下，这些都是平时经常见到的东西。

解

这些东西都是我们平时经常见到的东西，图中绘出的是它们的侧面。最上面的物品是剪刀，下面是老虎钳，再往下是剃刀，只不过它是折叠着的，最下面一行，从左数第一个是叉子，第二个是怀表，第三个是汤勺。

现在你知道它们都是什么东西了吧！还觉得它们非比寻常吗？

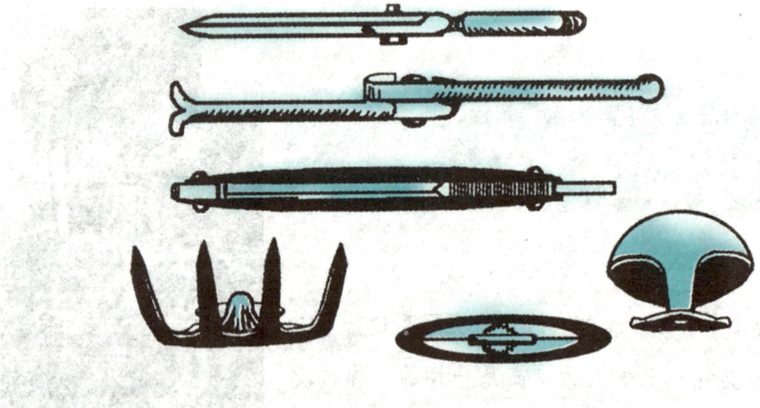

图 5–4

5.5 有这样的可能性吗？

题

下图是一张海景图，这张月牙图是不是画家的想象呢？月牙没有挂在天上，而是像小船一样地漂在海面上，有这样的可能性吗？

图 5—5

解

的确有这样的可能性，并不是画家画得有问题。图中是赤道地区新月落山的情景。例如高加索，那里的新月倾斜角度和北方地区不同。所以说，画家画出的是真实的情况。

5.6 运动员哪只脚着地呢？

题

看图 5-6 中的运动员，他着地的是哪只脚呢，左脚还是右脚？

解

观察图片，第一眼你会觉得他是右脚着地，可看了一会儿后，你又觉得他是左脚着地。其实不管你观察得多么仔细，都没办法确定他到底是哪只脚着地。画家把球员两腿间的差别巧妙地模糊了，可能你很想知道，他着地的到底是哪只脚。其实可能连画家自己也不知道，所以这个问题的谜底永远不可能解开。

图 5—6

5.7 看上去简单的事

题

仔细观察右图，并凭着记忆把它画出来。

图 5—7

解

先标出了曲线相交的四个点。当你画第一条曲线时，你可能还非常自信，画第二条时却不这么容易了，你会发现怎么也画不出来了。原来看上去简单的事，做起来却很难。

5.8 你能画出来吗?

题

你能不能一笔画出右图中这个有两条对角线的正方形?

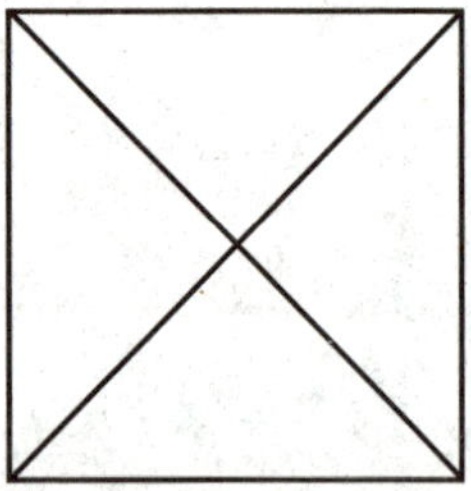

图 5—8

解

画这个图形时，不管你是从哪条线开始画，都不可能一笔画出来。

但如果把这个图形稍微画得复杂一点，就能一笔把它画出来了（图 5–9）。你可以试试，本来不可能一笔画出的图形，现在可以轻松地画出来了。

如图 5–9 所示，如果在这个图形的上下各加上一条弧线，这张图又无法一笔画出来。

到底是为什么呢？能不能在画之前就能知道这个图形能不能一笔画出？

如果你仔细观察，就能看出这些图形之间的区别。注意它们的线条交叉或相交的点，它们的每一个交叉点都有这样的特点：交叉点是一条线的终点和另一条线的起点。即笔尖在这样的点可以发生转折。也就是说，在每一个点相交的线条数目都是偶数，例如 2、4、6，在第一个点和最后一个点相交的线条数目可以是奇数。

所以说，只有由奇数条线条相交的顶点的个数不超过两个，其他的顶点都是由偶数条线条相交而成的图形，才能一笔画出。

来看这几幅图，图 5–8 中，这个正方形的四个角的相交线均有 3 条，所以说这个图形无法一笔画成。图 5–9，每个点相交的线条数目都是偶数，所以它可以一笔画出来。图 5–10，这个图形的四个点的相交线数目都是 5 条，所以它不能一笔画成。

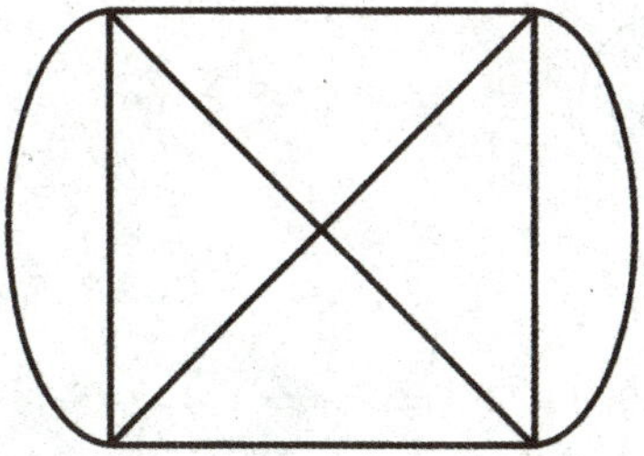

图 5–9

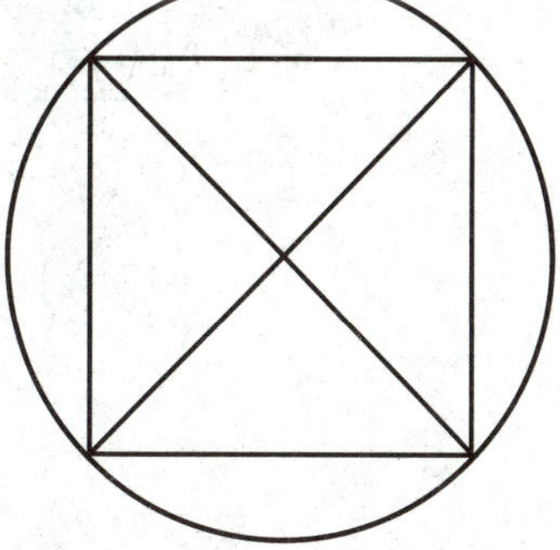

图 5–10

知道这些规律后，你就可以在动笔之前知道哪些图形可以一笔画成，哪些图形不能。

如果你现在已经完全掌握了这些知识，那么，请见图 5–11 能不能一笔画出来。

由于这个图中所有的交点处的相交线都是 4 条，为偶数，所以它可以一笔画出来。绘画顺序见图 5–12。

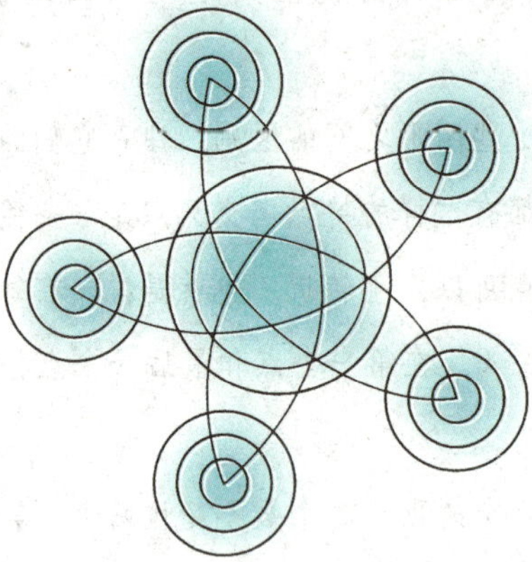

图 5–11

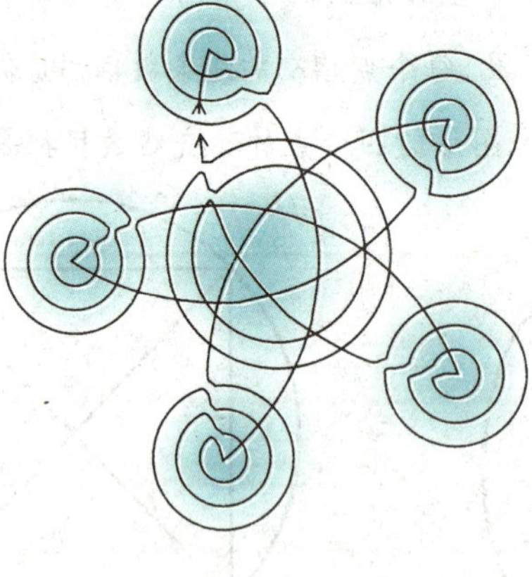

图 5–12

第6章

剪纸小游戏

6.1 把5个图形拼起来

题

如图6-1和6-2所示，试着把这五个图形拼成一个十字形的图。

在一张纸上画出这五个图形，并把它们裁剪下来，再思考拼接的方法。

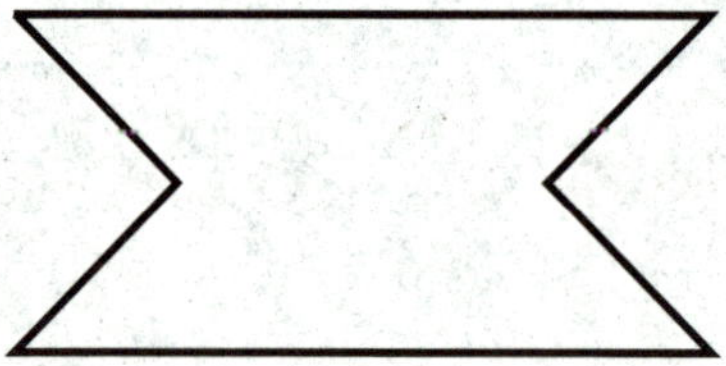

图 6—1

图 6—2

解

如图 6—3 所示，就是这样把上面五个图形拼成一个十字形的图。

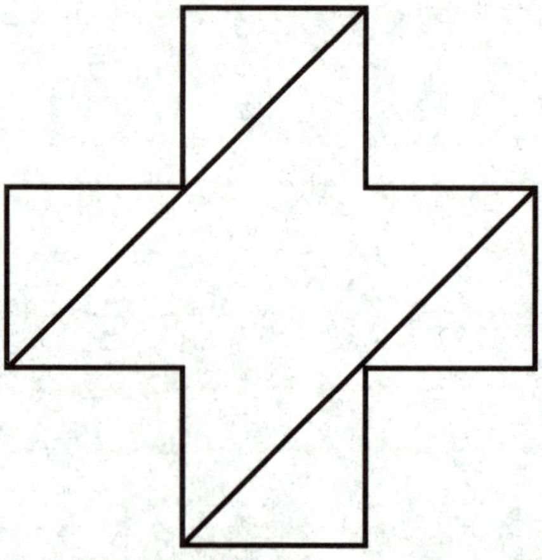

图 6—3

6.2 再用这 5 个图形拼图

题

用下面 5 个图形拼出一个正方形。

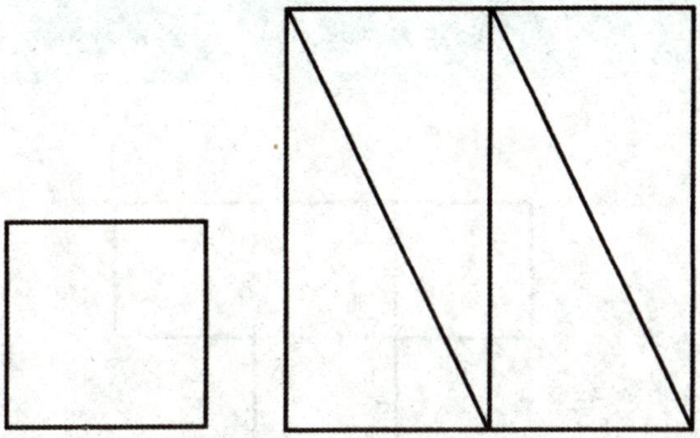

图 6–4

解

如图 6–5 所示，就是这样把上面 5 个图形拼出一个正方形的。

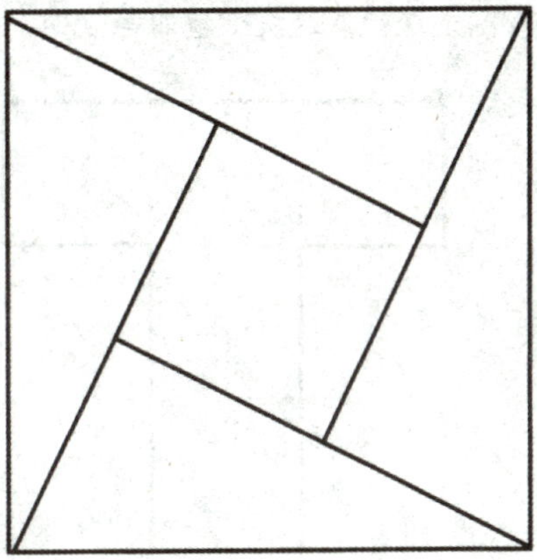

图 6–5

6.3 把土地四等分

题

如图 6-6 所示，这块土地由 5 个大小相同的正方形组成。你能不能把它四等分？

先把这 5 个大小相同的正方形拼在一起，再试着把它五等分。

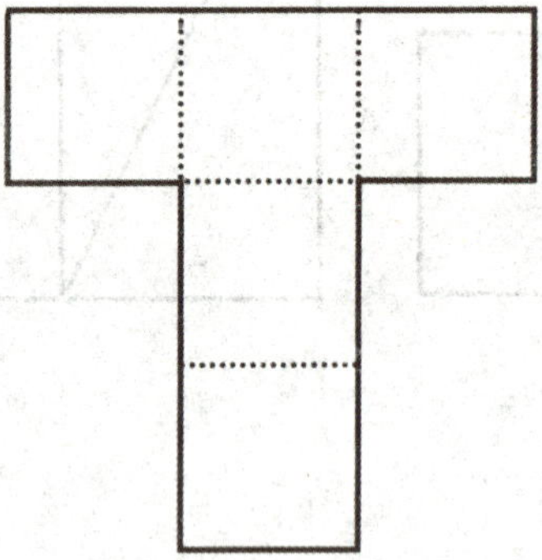

图 6-6

解

如图 6-7 所示，就是这样把这块土地四等分的。

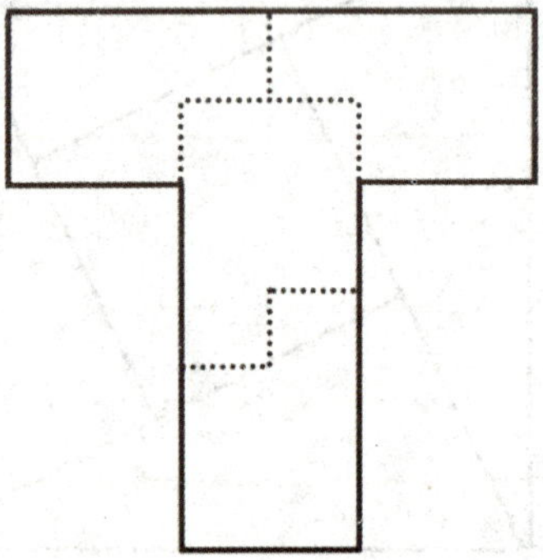

图 6-7

6.4 镰刀和锤子

题

你听说过“七巧板”吗？它产生于几千年前，是一个比象棋还要古老的中国游戏。游戏的规则是要把一个木制或纸制的正方形裁剪成像图6-8所示的7小部分，再用剪出来的七小部分拼成各种各样的图形。也许你会认为这太简单了，实则不然。如果把这7小部分凌乱地摊开，想不看原图就把它拼成原来的正方形，就不是一件简单的事。

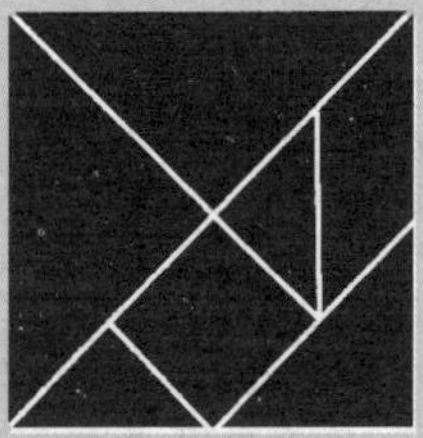

图 6–8

你可以试着做一下：用剪出的正方形的7个小部分拼出一把镰刀和一把锤子（图6-9）。要求这7个小部分不能重叠，又必须全部使用。

图 6–9

解

从图 6–10 中，可以看出拼接镰刀和锤子的方法。可以把思维散发一下，试着用正方形的 7 个小部分拼出人、野兽，或者建筑等各种各样的图形。

图 6–10

6.5 拼出正方形

题

如图 6-11 所示，用剪刀剪两下，把这个图形剪成 4 部分，再用这 4 部分拼出一个正方形。

解

如图 6–12 所示，第一下把这个图形剪成两部分，第二下再把剩下的部分剪成两部分。

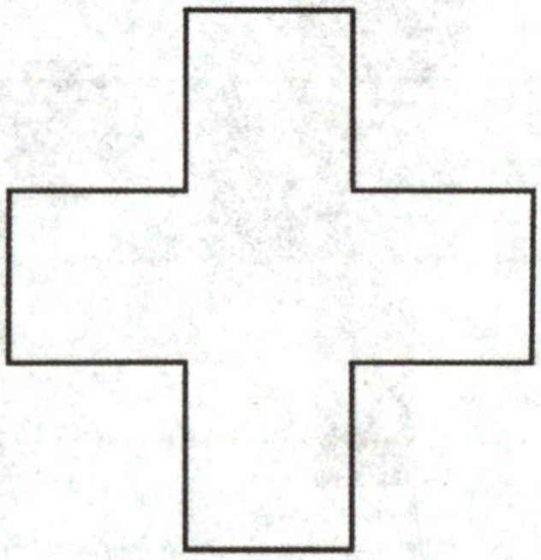

图 6–11

如图 6–13 所示，用剪出的 4 部分拼出正方形。

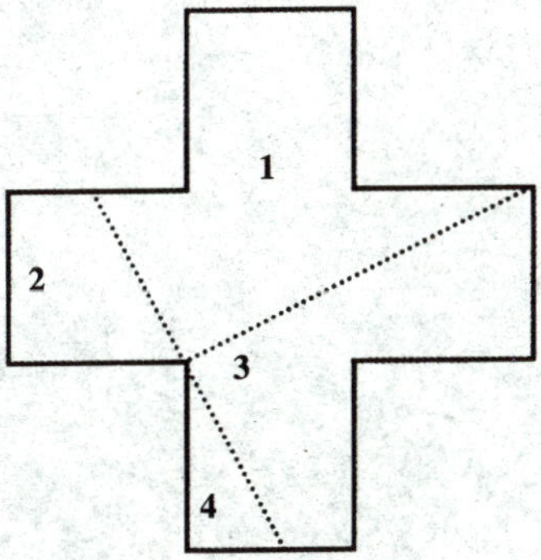

图 6–12

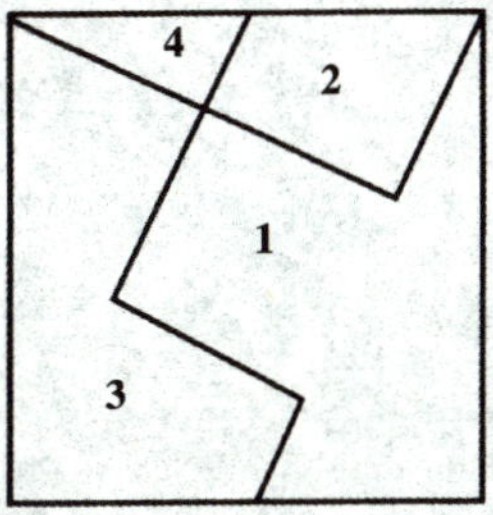

图 6–13

6.6 把苹果拼成公鸡

题

如图 6-14 所示，把这个苹果剪成 4 部分，再用剪出的 4 部分拼出一个公鸡。应该怎么做呢？

解

如图 6–15 所示，根据提示，你能自己把这 4 部分拼成公鸡了吗？

图 6–14

图 6–15

6.7 圆形桌面的制作

题

如图 6-16 所示，木匠收到客人送来的两块长椭圆形的非常珍贵的木材板，两块木板中间都有窟窿，客人想让木匠把这两块木板制作成一块圆形桌面，还不能留下任何木料。

客人的要求有些苛刻，但这个木匠的技艺非常精湛，他想了很久，把客人送来的木料进行了几次测量后终于想到了满足客人要求的好办法。到底是什么办法呢？你想到了吗？

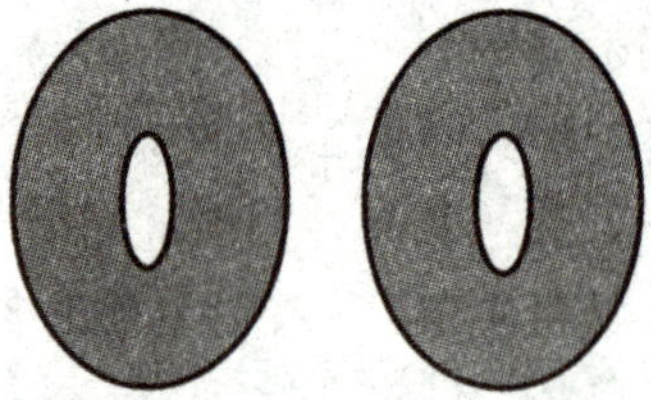

图 6-16

解

如图 6-17 所示，木匠把这两块木料分别分成了 4 部分，先用 4 块小木料拼出一个小圆形，再用剩下的 4 块大木料拼出一个大的环形，套在小圆的外面。这样就制作出了一个圆形的桌面，而且还没有留下木料。

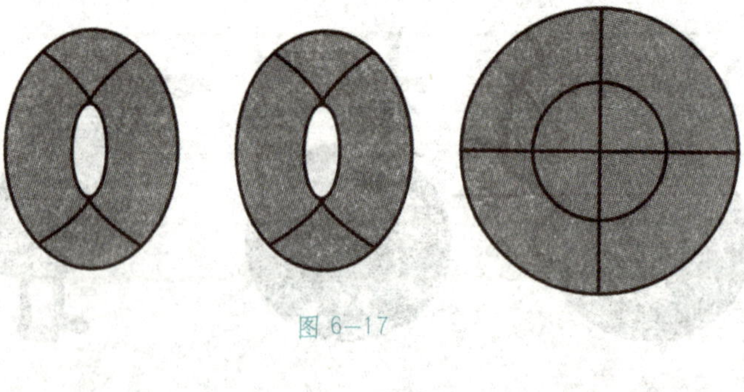

图 6-17

6.8 三个小岛

题

如图6-18所示，湖上有三个小岛，分别用1、2、3表示。湖边有三个渔村，分别用Ⅰ、Ⅱ、Ⅲ表示。一只小船从Ⅰ村出发，先到小岛1和小岛2，再去Ⅱ村，这时，另一只小船从Ⅲ村出发去小岛3，要使两只小船的路线不能交叉，应该怎么走呢？

解

如图6-19所示，图中用虚线画出来的就是两只小船的路线。

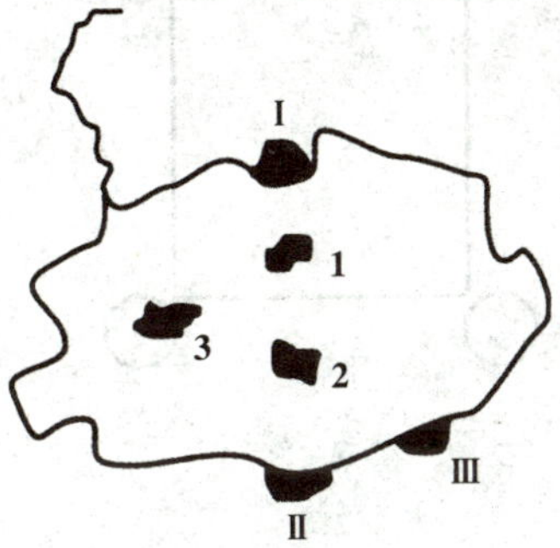

图6-18

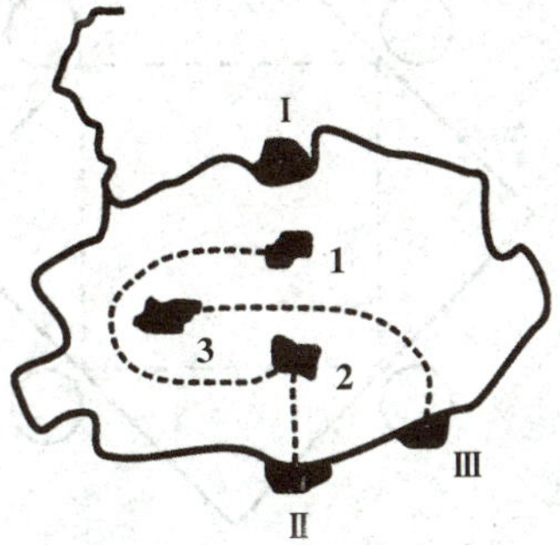

图6-19

6.9 不能砍树

题

如图 6-20 所示，这是一个正方形的池塘，正方形四个角上的圆圈指的是池塘边的树木。现在要把池塘的面积扩建成现在的 2 倍，但池塘边的树木又不能砍掉。能做到吗？

解

如图 6-21 所示，这就是修建好的新池塘。

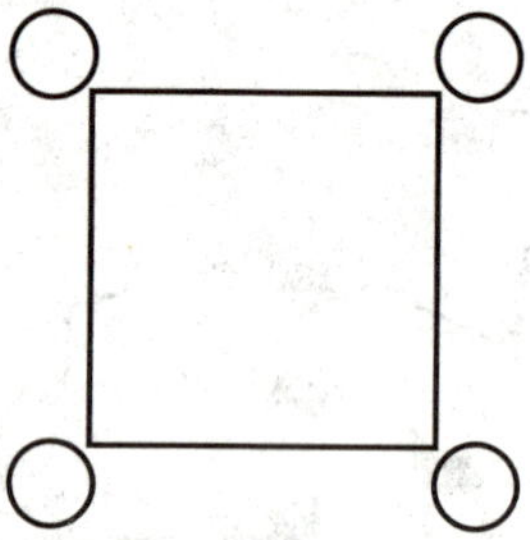

图 6-20

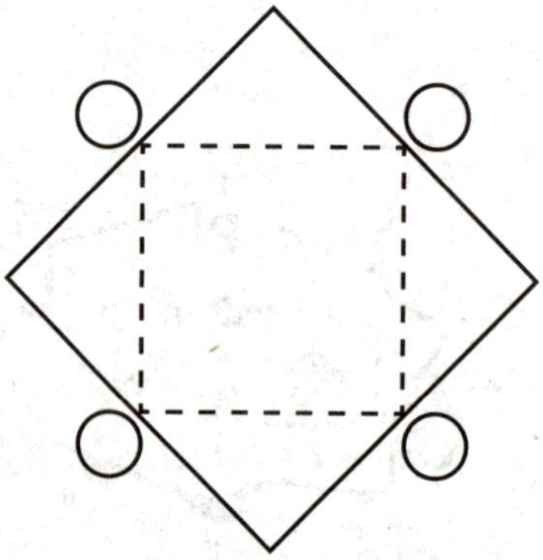

图 6-21

6.10 9枚硬币的排列

题

要把9枚硬币排成10列，每列有3枚，应该怎么做呢？

解

如图6–22所示，图中的9枚硬币排成10列，每列3枚。

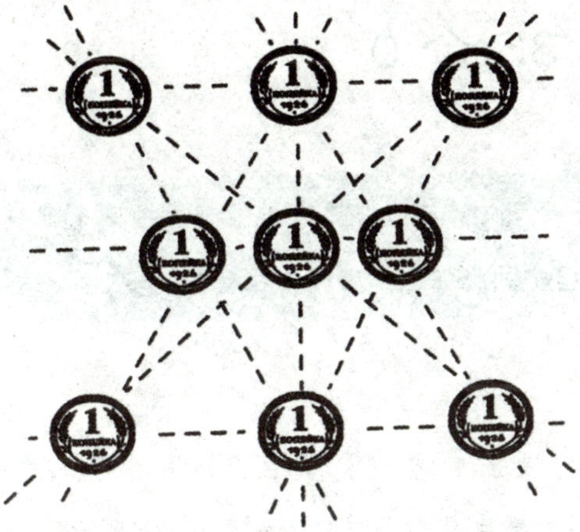

图 6–22

6.11 划掉9个0

题

如图6-23所示，把9个0按图中方式进行排列。现在，你能用4条直线把9个0全部划掉吗？也可以一笔把这9个0划掉。

解

解法如图 6–24 所示。

0	0	0
0	0	0
0	0	0

图 6–23

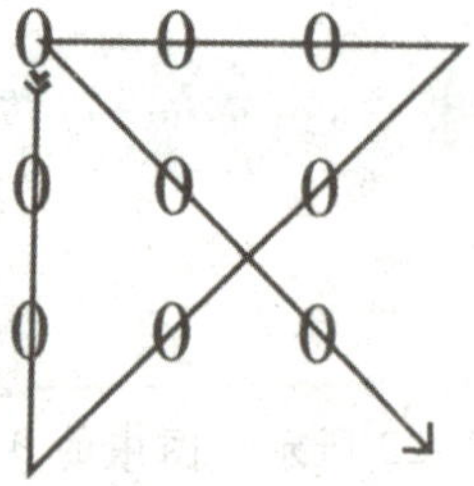

图 6–24

6.12 划掉 36 个 0

题

如图 6-25 所示，这个方格中共有 36 个 0。去掉 12 个 0，使每一横排和纵排的 0 的数目相同。那么，应该去掉哪些 0 呢？

解

如图 6–26 所示，要去掉 12 个 0，那么方格中则剩余 24 个 0，也就是说，每一列和每一行中 0 的数目是 4 个，解法如图 6–26 所示。

0	0	0	0	0	0
0	0	0	0	0	0
0	0	0	0	0	0
0	0	0	0	0	0
0	0	0	0	0	0
0	0	0	0	0	0

图 6–25

	0	0	0	0	
0	0			0	0
0		0		0	0
0			0	0	0
0	0	0	0		
	0	0	0		0

图 6–26

6.13 小桥

题

如图 6-27 所示，这是两个火柴拼出的正方形。假设小正方形是一个小岛，周围是水沟，怎样用两根火柴在这条水沟上建一座小桥呢？

解

如图 6-28 所示，先把一根火柴斜放搭在水沟上，使它和大正方形形成一个角，然后把另一根火柴搭在它和小正方形角尖上面。

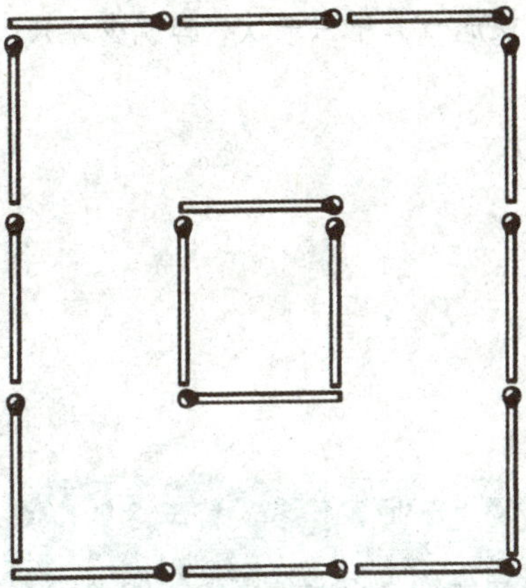

图 6-27

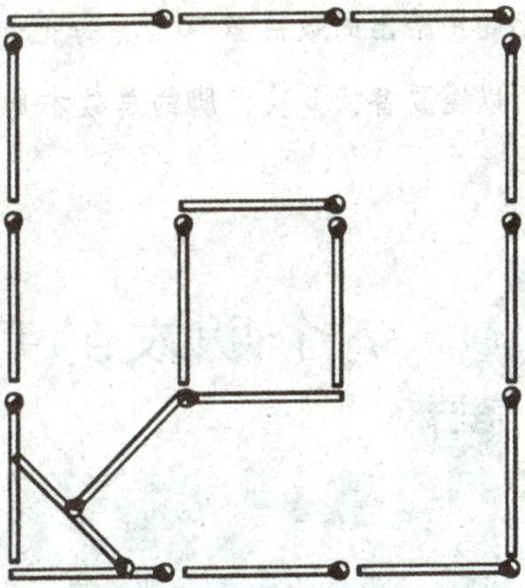

图 6-28

6.14 蜘蛛和甲虫

题

一个盒子里装了 8 只蜘蛛和甲虫，它们的脚一共有 54 只。那么这个盒子中的蜘蛛和甲虫的数目各是多少？

解

首先要知道甲虫和蜘蛛各有多少只脚，才能解这道题，甲虫有 6 只脚，蜘蛛有 8 只脚。

假设盒子中有 8 只甲虫，一共就是 $6 \times 8 = 48$ 只脚，比题中少 6 只，现在把一只甲虫换成一只蜘蛛，脚数还少 4 只。

这样的替换共做三次，盒子里的甲虫数目为 5 个，其余 3 个是蜘蛛，这时它们的脚的数目加起来就是 54 只了。

可以计算一下：5 只甲虫的脚的数目为：$5 \times 6 = 30$ 只，3 只蜘蛛的脚的数目为：$3 \times 8 = 24$ 只，一共是 $30 + 24 = 54$ 只，和题目要求的一样。

还有一个方法，可以假设盒子里有 8 只蜘蛛，那么一共就有 $8 \times 8 = 64$ 只脚，比题中给出的数目多 10 只。每把一只蜘蛛替换成一只甲虫一次，脚就少 2 只，所以需要替换 5 次，脚的总数才是 54 只。

6.15 7 个朋友的拜访

题

一个人有 7 个朋友，第一个朋友每天晚上来他家作客，第二个朋友每隔一天晚上过来一次，第三个朋友每隔两天晚上过来一次，第四个朋友每隔三天过来一次，第五个朋友每隔四天过来一次，第六个朋友每隔五天过来一次，第七个朋友每隔六天过来一次。

那么这个人和他的 7 个朋友要多久才能聚在一起呢？

解

这个人和他的 7 个朋友同时聚在一起要经过的天数，是可以把 1、2、3、4、5、6、7 这几个数整除的数字，这样的数字中最小的数是 420。所以说，他们想同时聚在一起，需要 420 天的时间。

6.16 7个朋友干一杯

题

主人和他的7个朋友终于能聚在一起的那天晚上，主人拿出家里的葡萄酒招待他们，人们开心地相互碰了杯。请问，这样的情况下，杯子一共碰撞了多少次？

解

主人和他的7个朋友加起来一共是8个人，每个人都和其他的7个人碰杯了：如果两个人碰一次杯，那么就是 $7\times8=56$ 次。可这样计算的话，碰杯的次数就算了两遍，比如说第五个人与第三个人碰杯和第三个人与第五个人碰杯。所以，碰杯的次数应该是 $\frac{56}{2}=28$ 次。

6.17 6根火柴的小游戏

题

这道题非常有意思，是一道非常古老的关于火柴的小游戏，你一定会非常感兴趣。

用6根火柴拼出4个等边三角形，不能折断火柴，这道题看上去没有解法，这也是它有趣的地方。

解

可能你正在想怎样用4根火柴拼出一个三角形的平面图形，但这根本是不可能的，你何不想想用这4根火柴搭建一个立体图形——锥体（图6–29）。这就是4个等边三角形。

图 6–29

6.18 过河问题

题

假设爸爸用头朝上的火柴表示，妈妈用头朝下的火柴表示。两个小男孩用两根半截的火柴表示。两排火柴是一条河的两岸。火柴盒是河上的一只小船。

爸爸、妈妈和两个儿子想到河的对岸去，虽然河上有船，但这小船太小，一次只能载一个成年人或两个小男孩。那么他们要怎样过河呢？

解

小船要用 9 次才能把这全家 4 口全都送到对岸：

河对岸	河这边
(1)两个儿子	(2)一个儿子
(3)妈妈	(4)另一个儿子
(5)两个儿子	(6)一个儿子
(7)爸爸	(8)另一个儿子
(9)两个儿子	

你可以尝试着用火柴来表现过河的情形。

6.19 三个人的小船

题

三位水上爱好者一起投资买了一条小船，他们希望能在自己需要的时候用上这条船，又要防止它被其他人偷走。所以就把船用链子拴好，又锁上了三把锁。每个人只有其中一把锁的钥匙，而且打开这一把锁后，链子就能打开了。他们是怎样做到的呢？

解

如图 6–30 所示，把这三把锁彼此锁在一起就可以了。这时，打开其中任一把锁，链子就能打开了。

图 6–30

6.20 吃书的小虫

题

有一种小虫，它们专门吃书，把书一页一页咬穿，一直咬到最后一页，就可以从这条道路穿过整本书了。如图 6-31 所示，这是两本挨着放着的书，每本有 800 页，那么这只小虫从第一本书的首页到第二本书的末页一共咬穿了多少页书？也许你会觉得这道题简直太简单了，其实它可不像你想象的那么简单。

解

图 6–31

也许你会认为，小虫一共咬穿的书页为 800 + 800 = 1600 页，再加上两本书的封面。其实这样计算是错误的，这两本书是挨着放的：第一本在左边，第二本在右边，那么第一本的首页就是第二本书的最后一页（图 6–31）。现在你能看出从第一本书的第一页到第二本书的最后一页之间有多少页了吧？是的，这中间只有两页封面。也就是说，小虫只咬穿了两本书的封面而已，并没有咬书页。

6.21 一套茶具

题

如图 6-32 所示，图中有一张桌子，桌上盖着一块桌布，这张桌面的褶皱正好把桌面分成了 6 部分，在这些小格子里，我们可以做个小游戏。在桌布形成的小格子中像图 6-33 中所示那样放上茶具：三个格子中放茶杯，一个格子中放茶壶，另一个放茶罐，最后一个空着。要求调换一下茶壶和茶罐的位置。不要认为只要把它们拿起来调换一下位置就行了，而是要按一定的规则调换：

（1）只能把茶具拿到空着的格子里；

（2）不能把一件物品放在另一件之上；

（3）一个格子里只能放一个茶具。

可以在一张纸上把茶具画出来剪下，在方格中尝试着移动它们。只

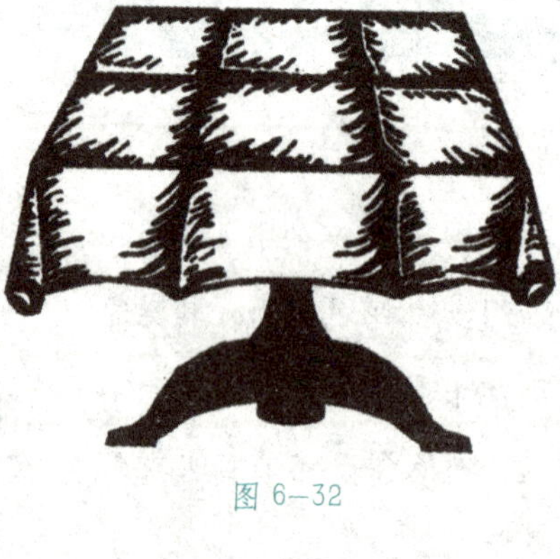

图 6–32

图 6—33

要你耐心地尝试，一定能找到解决办法的。你可以把在这些纸片上编上号，从而记录下茶具移动的次序，比如说，你把茶壶移动到空白的格子中，就记作“5”，再把茶罐移动到格子中，就记作“4”。

下面的答案中，注明了移动茶具的具体方法，你可以参照答案检验自己的答案是否正确。只要你耐心地尝试，一定能找到解决的方法。

解

把茶壶和茶罐调换位置的解法有很多，有的方法需要移动的次数多一点，有的次数则少一点。当然了，移动茶具的次数越少越好，最少也需要17次才能达到目的，这个次序如下：

5 4 3 5 1 2 5 3 4 1 3 5 2 3 1 4 5。

第7章

有趣的数字

7.1 乘法计算

题

如果你记不清乘法口诀了，和9有关的乘法你也无法背出来了，那么你的手指就能帮你。把你的手放在桌上，让它成为你的计算器，如果你要计算4×9，从你的10个手指中找到左数第4个手指，这只手指的左边有3个手指，右边有6个，读出来是36，答案就出来了：4×9=36。

那么7×9等于呢？

找到第7个手指，它的左边是6个手指，右边是3个，所以答案是63。

9×9呢？找到第9个手指，它的左边是8个手指，右边是1个，所以答案是81。

解

这个计算器能让你轻松记住和9有关的乘法口诀，你再也不会考虑6×9的结果是54还是56了。可以用上述方法计算一下，第6个手指的左边是5个，右边是4个，答案是54。

7.2 哪一年？

题

在20世纪的年数中，有下列特征的是哪一年：把它垂直翻转，再按倒叙读出来，这一年仍然不变？

解

在20世纪符合上述特征的只有一年：1961年。

7.3 照镜子

题

在19世纪的年数中，有下列特征的是哪一年：这个年数在镜子中的数字是这个年数的4.5倍。

解

所有的数字中，只有1、0、8映在镜子中的数字不会变化。也就是说，所求的这个年数中只含有这几个数字，而且它又是19世纪中的一年，那么它的前两个数字一定是18，所以这一年一定是1818，这个数字在镜子中就是8181，正好是1818的4.5倍：$1818\times4.5=8181$。在19世纪中只有这一年符合题目要求的特征。

7.4 是哪些数？

题

哪两个整数相乘的结果是7？

题目中要求的是整数，像$3\frac{1}{2}\times2$或$2\frac{1}{3}\times3$这类的算式都是不符合题意的。

解

答案只有1和7，没有其他的数字。

7.5 和与积

题

哪两个整数的和大于相乘的结果？

解

符合题意的整数有很多：

3和1：3×1 = 3，3 + 1 = 4；

10和1：10×1 = 10，10 + 1 = 11；

任何任合题意的整数中，必定有一个数字是1。

因为任何整数与1的和都会变大，但与1的乘积则会不变。

7.6 得数相等

题

哪两个整数相乘和相加的结果是相等的？

解

符合这样条件的整数只有2，而且这两个整数都是2。

7.7 三个整数

题

哪三个整数相乘与相加的结果相等？

解

这三个整数是1、2、3，它们相加与相乘的结果是相等的：

1 + 2 + 3 = 6，1×2×3 = 6。

7.8 乘与除

题

一个较大的整数除以一个较小的整数，得出的结果是这两个数的乘积，这样的整数存在吗？

解

存在，这两个整数是1和2：2÷1 = 2，2×1 = 2。

7.9 二月的5个星期五

题

一个月里是不可能有7个星期五的，那么在二月份里，有没有5个星期五呢？

解

有可能，在闰年的二月份中有29天，可能会有5个星期五，也就是说，二月份的第一天就是第一个星期五：

2月1日：第一个星期五；2月8日：第二个星期五；

2月15日：第三个星期五；2月22日：第四个星期五；

2月29日：第五个星期五；短短的二月份中，就有5个星期五。

7.10 结果是20

题

请看以下三个数：

1 1 1；

7 7 7；

9 9 9。

你能去掉其中的6个数字，使剩余的数字加起来的和为20吗？

解

划掉的数字可以用0代替，解法如下：

0 1 1；

0 0 0；

0 0 9。

得出：11＋9＝20。

7.11 数字 11

题

要做这个小游戏，需要两个人的合作才能完成。在桌上摆上 11 颗坚果（也可以是火柴或瓜子），第一个人可以按自己的想法拿走 1、2 或 3 颗坚果。第二个人也是如此。接着再由第一个人拿，拿到最后的时候，谁拿走了最后的一粒坚果谁就输了。

这个小游戏，要怎样做才能赢呢？

解

如果你先拿坚果，那么应该先拿 2 颗，这时剩余的坚果为 9 颗，那么不管第二个人拿走几颗坚果，你再次拿坚果时都要保证桌上剩余的坚果是 5 颗，那么，不管对方从这 5 颗中拿走几颗，你都能给他剩下最后一颗，你就胜利了。

7.12 7 个数字

题

在纸上写出数字 1 到 7：1、2、3、4、5、6、7。

用加号或减号把这些数字连在一起：12 + 34 - 5 + 6 - 7 = 40。

这样的组合非常简单，现在试着改变它们的组合方式，使其结果都为 55。

解

解法有三种：

$123 + 4 - 5 - 67 = 55$；

$1 - 2 - 3 - 4 + 56 + 7 = 55$；

$12 - 3 + 45 - 6 + 7 = 55$。

7.13 几个“几”的结果

4个2

题

相比前面的几道题，这道题可能比较复杂，用4个2写出111，你觉得这道题有解吗？

解

有：$\frac{222}{2}=111$。

4个3

题

用4个3得出12，是很容易的事：$3+3+3+3=12$。

还可以用4个3写出15和18：

$3+3+3\times 3=15$；

$3\times 3+3\times 3=18$。

现在用4个3写出5，你可能认为这有点困难了：

$\frac{3+3}{3}+3=5$。

现在你可以试着用4个3写出数字1到10（除5之外，前面已经解答。）

解

$1=\frac{33}{33}$（还有其他解法）；

$2=\frac{3}{3}+\frac{3}{3}$；

$3=\frac{3+3+3}{3}$；

$4=\frac{3\times 3+3}{3}$；

$6=(3+3)\times\frac{3}{3}$；

$7=3+3+\frac{3}{3}$；

$8=3\times3-\frac{3}{3}$；

$9=3\times3+3-3$；

$10=3\times3+\frac{3}{3}$；

在这里，我们都只列举了一种方法，你可以试着找出其他解法，比如说：$8=\frac{33}{3}-3$。

4个4

题

如果你对这类题很感兴趣，并能顺利解出上述几道题的话，那么现在尝试一道比上道题难一些的题目：用4个4写出1到10。

解

$1=\frac{44}{44}$或$\frac{4+4}{4+4}$、$\frac{4\times4}{4\times4}$等。

$2=\frac{4}{4}+\frac{4}{4}$或$\frac{4\times4}{4+4}$；

$3=\frac{4+4+4}{4}$或$\frac{4\times4-4}{4}$；

$4=4+4\times(4-4)$；

$5=\frac{4\times4+4}{4}$；

$6=\frac{4+4}{4}+4$；

$7=4+4-\frac{4}{4}$或$\frac{44}{4}-4$；

$8=4+4+4-4$或$4\times4-4-4$；

$9=4+4+\frac{4}{4}$；

$10=\frac{44-4}{4}$。

第8章

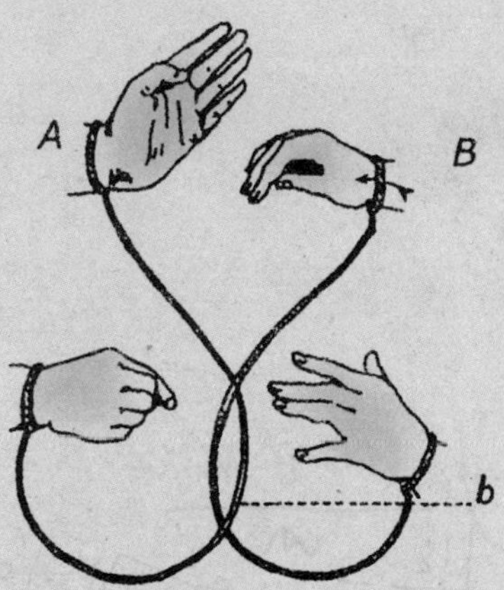

神奇的假象

8.1 绳扣魔术的奥秘

题

这个魔术非常有意思，如果你学会了它，一定会让身边的朋友们大吃一惊的。

把一根30厘米的绳子系一个宽松的活结（图8-1）。在这个活结上面再系一个活结（图8-2），你可能觉得，现在把这两个活结拉紧的话，就是一个非常结实的结了。但还没完，我们还能把这个结扎得更复杂些，从这两个活结的一端穿过去（图8-3）。

解

到此为止，所有的准备工作都做好了，下面的环节就是这个小魔术最重要的部分了。拿着绳子的一端，让别人拿着另一端，然后把绳子拉紧，也许你会认为会得到一个非常结实的结，但事实却是，你们两个人手里拉着的只是一根光溜溜的绳子，上面一个结也没有了。

只要你按照图中所示的方法来打结，就能表演这个小魔术了。

图8—1

图8—2

图8—3

8.2 束缚

题

如图 8-4 所示，把 A、B 两位同学的手用绳子缠绕住，并使绳子交叉起来，使两个人不能分开。

解

虽然看上去他们是不可能被分开的，但有一种方法，可以不必切断绳子就能把他们分开。

如图 8—4 所示，在 A 同学手中的绳子上选出一点 b，把它按图中箭头的方向穿过 B 同学手上的环，直到 A 同学手中的绳子大部分穿过这个环后，再把 B 同学的右手从这个绳套中穿过去，再拉 A 同学的绳子，两个同学就被分开了。

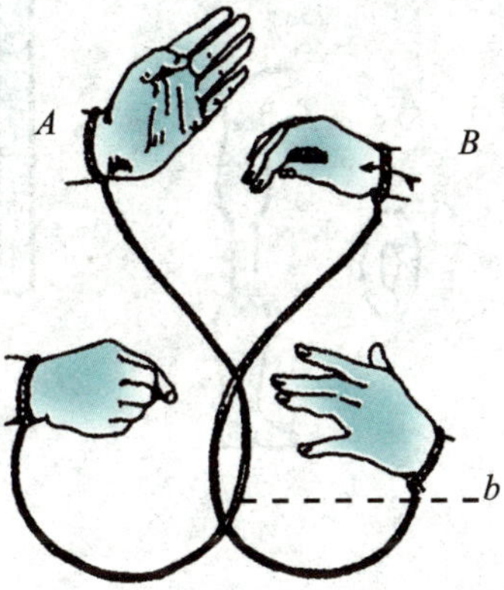

图 8—4

8.3 两只靴子

题

如图 8-5 所示，用一张厚纸板剪出和图中形状大小一样的一个纸框、一双靴子和一个椭圆形的纸环。椭圆形纸环内部的椭圆的大小和纸框宽度一样，但比靴筒的宽度窄。现在能不能把靴子按图 8-6 中所示的方式挂在纸框上？

这是可以做到的，请仔细思考，应该怎样做呢？

解

如图 8–7 所示，把纸框对折，使 *A*、*B* 两个部分完全重合，把那个椭圆形的纸环穿进重叠在一起的 *ab* 的末端，再把靴子穿进 *a*、*b* 之间的空隙后对折，把它移动到纸框折叠处，移动纸环，把它套在靴子上。

一切都做完后，只要把纸框展开就行了。

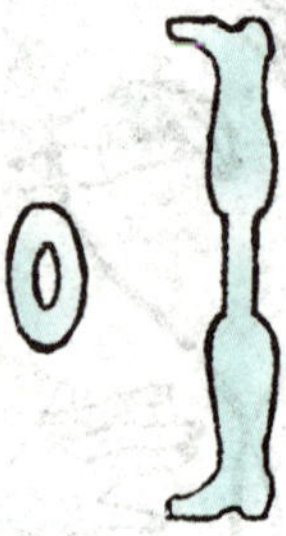

图 8–5

图 8–6

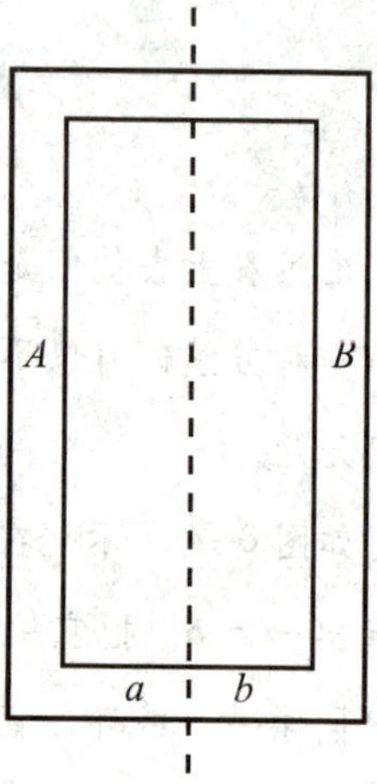

图 8–7

8.4 取下木塞

题

如图 8-8 所示，把两个软木塞用绳子连接起来，挂在一个厚纸环上，再在短绳上套上一个金属环，怎样把这两个软木塞从纸环上取下来呢？

这道题看上去很难，但你已经解出了上一道题，这道题对你来说就简单了。

解

如图 8–9 所示，先把纸环折叠起来，再移动金属环，最后把金属环取下来，然后就可以取下木塞了。

图 8-8

图 8-9

8.5 两颗扣子

题

如图 8-10 所示，找一张厚纸板，割出两条细条的缝，在它的下端剪出一个圆孔 a，使它的直径比两条细缝的距离稍大一点。用绳子穿过 a 孔和两条细缝，再找两颗比 a 孔稍大的纽扣系在绳子的两端。

你有办法把这两颗纽扣取下来吗？

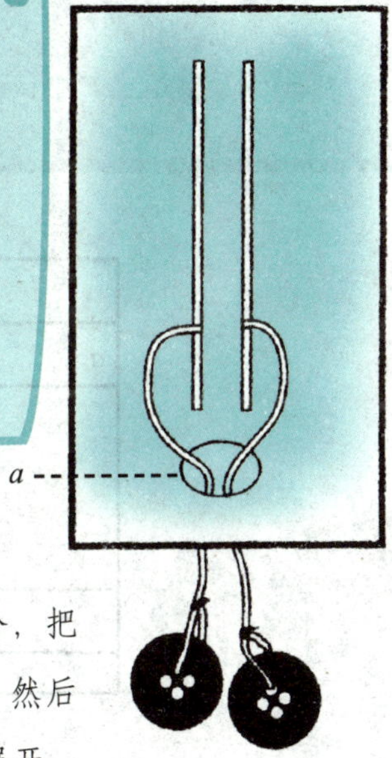

图 8-10

解

先把这张纸板上下对折，使两条细缝完全重合，把这两条细缝的中间距离形成的细长纸条穿进圆孔，然后让扣子穿过纸条形成的活扣，做完之后，再把纸板展开，纸片和纽扣就分开了。

8.6 纸夹子的秘密

题

如图8-11所示，找两张矩形纸片，长7厘米、宽5厘米，大小和记事本差不多，再找3条带子或纸条，带子的长度比矩形纸片宽1厘米。把它按图中的方式固定在A、B两张纸片上，把带子的a、b、c端折叠，分别粘在A、B纸片的背面，d、e、f端粘在内侧。

一切准备就绪后，就可以用这个夹子进行魔术表演了，可以给它起个名字叫"活夹子"。让一个同学在纸片上签上名字，这就使你没办法偷换纸片了。你把这张小纸条夹在A纸片的两条带子下面，再合上纸夹，然后再打开，这时你会发现，小纸条从两条带子中间溜到纸夹另一端的一条带子下面去了。

道理很简单，其实当你合上纸夹后，是从相反的方向把它打开了，但别人是猜不出其中奥秘的。

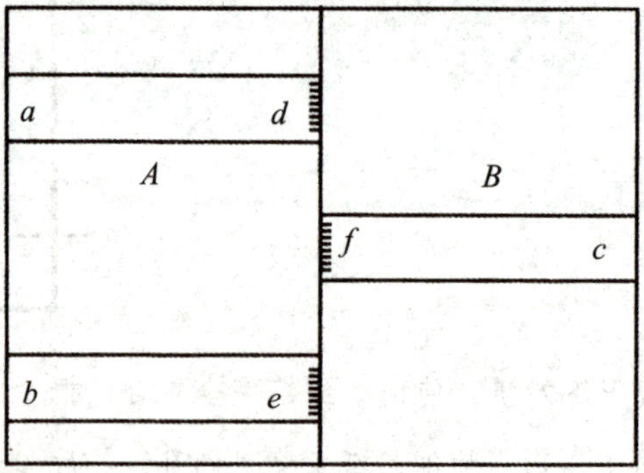

图8-11

8.7 直尺小魔术

题

左手拿一把直尺，右手抓着左手的手腕，然后打开左手，用右手食指按住直尺（图 8-12），如果你表演得到位，别人会认为那把直尺是自己粘在左手上一样，他们可能无法立刻想到，是你的右手食指按住了它。

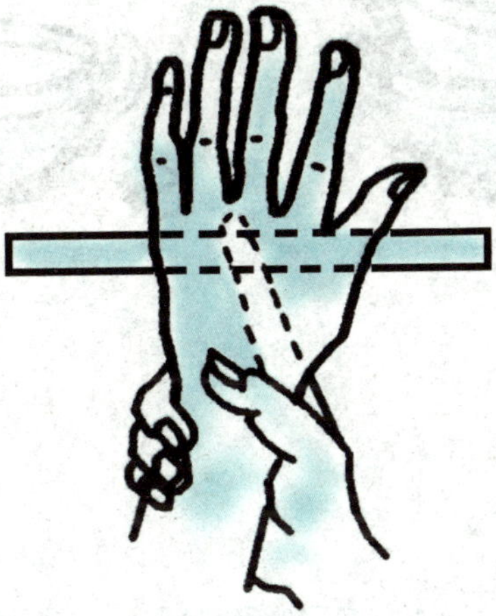

图 8—12

8.8 10 块糖

题

如图 8-13 所示，有 3 个茶碗和 10 块糖，让旁观者把这些糖放进 3 个茶碗里，使每个碗里的糖的数目都是奇数。

别人一定会认为这根本是不可能的事，怎么会有和是10的三个奇数？但你要动动脑筋，往第一只碗里放5块糖，第二只放3块，第三只里放2块。再把第三只碗放在第二只碗的下面。

这时，第一只茶碗里有5块糖，5是奇数；第二只碗里是3块糖，也是奇数；第三只碗里原来有2块，但它上面还有第二只碗里的3块糖，加起来就是5块，也是奇数。

图 8-13

8.9 书和纸

题

如图8-14所示，这是一本书和一张纸，如何用这张纸把这本书支撑起来，并使它与桌面有几厘米的距离呢？

图 8-14

解

如图 8–15 所示，把纸片剪成大小相同的 4 个部分，然后把每个部分都卷成厚纸卷立在桌上，像图中一样，把书平放在这四个厚纸卷上就可以了，这样的话，书和桌子还有几厘米的距离，完全符合题目的要求。

图 8–15

8.10 巨人和侏儒

题

如果你能让一个小假人像活人一样说话、挥手，并迈开步子走路（图 8-16），一定会让你身边的朋友大开眼界的。

图 8–16

图 8–17

图 8–18

解

如图 8–17 所示，这个侏儒是拼接出来的，它的头是你的，它的脚是你套着靴子的双手，它的手是站在你身后的助手的手，这一切都被衣服掩盖着。

尝试着用上述方法，制造一个巨人。

第9章 有趣的实验

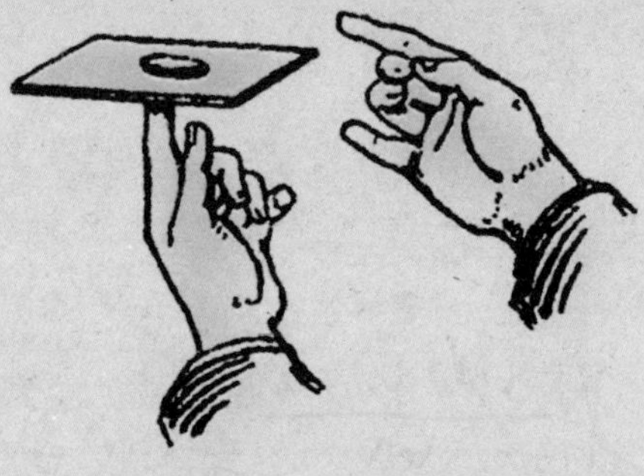

9.1 盲点

题

眼睛距离图 9-1 大约手掌的宽度，闭上左眼，右眼仔细盯着图中的十字图形看，不久你就会发现白色的圆圈不见了。

这是因为每个人的眼睛里有一小块"盲点"，这块地方对光线不敏感，当物体在这一区域范围内时，我们就看不到它了。

图 9—1

9.2 木棍的游戏

题

如图 9-2 所示，把一木棍搭在两个食指上，然后慢慢移动两个手指使它们向一起靠拢，直到它们紧挨在一起。这时，木棍仍然平衡地搁在两个手指上。对此，科学家曾作出分析：这时的木棍正搁在重心位置。而且，虽然你的两个手指一直往中间靠近，但它们不是同时移动的，而是先左手，再右手，然后再左手……

解

不管游戏开始的时候，你的手指在木棍的任何位置上，到实验结束时，它们都在同一位置上。

图 9–2

9.3 漂浮着的大头针

题

把一根大头针放在水面上，能不能让它不沉入水底，一直漂在水面上呢？

解

也许你会认为这根本是不可能的。其实只要你按下面的方法去做就能达到这样的结果：把一张卷烟纸放在水面上，再把大头针放在卷烟纸上，大头针和卷烟纸都会漂浮在水面上，再拿一根大头针，慢慢把卷烟纸按入水里，只要你够小心，大头针这时仍会漂浮在水面上。

9.4 做个实验

题

如图 9-3 所示，把一张大小和材质与火车票相同的硬纸片放在手指上，再在纸片上放一枚 2 戈比或 5 戈比的硬币，你能不能把硬纸片移开，使硬币仍然留在手指尖上？

图 9–3

解

这个问题看起来根本是不可能做到的，其实你只要用力把硬纸片快速弹出去，这时硬币仍然会留在你的手指尖上。也许第一次没有成功，但不要灰心，多试几次一定能成功。

9.5 火柴盒的小魔术

图 9—4

题

利用简单的火柴盒也可以表演小魔术。如图9-4所示，把一个火柴盒的两部分分开，使一部分压在别一部分上，然后对着火柴盒从上向下使劲打一拳，会出现什么情况？

也许你认为火柴盒会被压坏，其实事实并不是这样的。你会发现火柴盒的两部分会飞散出去，但它们都没有任何损坏。因为它有弹性，虽然两部分都有弯曲，但不会断裂。

9.6 手脚

题

如图9-5所示，你能不能像图中的人一样右手和右脚同时向相反的方向划圈？也许你会认为这再简单不过了，但试过之后你就会知道，你的手脚并不那么听你的话。

图 9—5

9.7 左右手

题

这个题目和上道题相似，你能用左手指左胸，同时右手上下抚摸右胸吗？也许你也认为这很简单，其实操作起来非常难，要经过练习才能做到。

9.8 一点也不简单

题

用一根食指紧紧地顶着另一根食指（图9-6），让同学向两边拉扯你的胳膊，使你的两根手指分开。

图 9-6

解

这看起来太简单了，其实这可不是件容易的事，就算你的同学力气再大，他也无法做到，因为你只要稍微用一点力，就能战胜他的力量。

9.9 1根火柴托起11根火柴

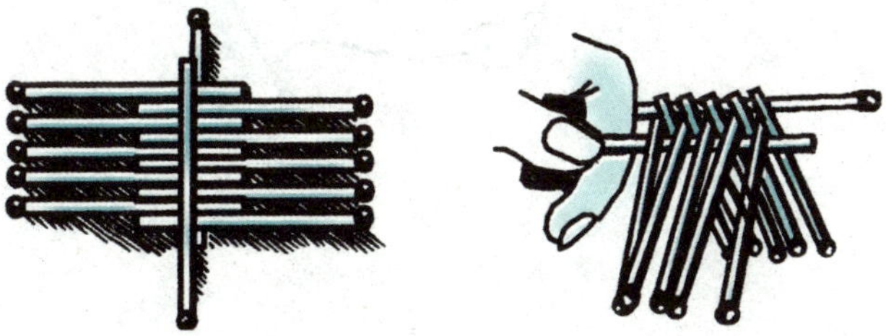

图 9-7

题

如图 9-7 所示，用 12 根火柴拼出图中的图形，能不能拿着最下面那根火柴的尾端，把其他的火柴都提起来？不要觉得这很难做到，只要你小心谨慎地操作，是绝对可以完成的。到时你就知道，用 1 根火柴托起 11 根火柴是件很轻松的事，也许你第一次没有成功，但只要耐心尝试，一定能做到。

9.10 能做到吗？

题

如图 9-8 所示，你能用两根火柴夹住另一根火柴的末端把它提起来吗？

这件事看上去非常简单，但如果你实际操作一下，就会发现要做成这件事是非常不容易的，因为你的手只要稍一用力，那根火柴就会跟着翻转，所以你要有非常熟练的技巧和极大的耐心才可以做到。

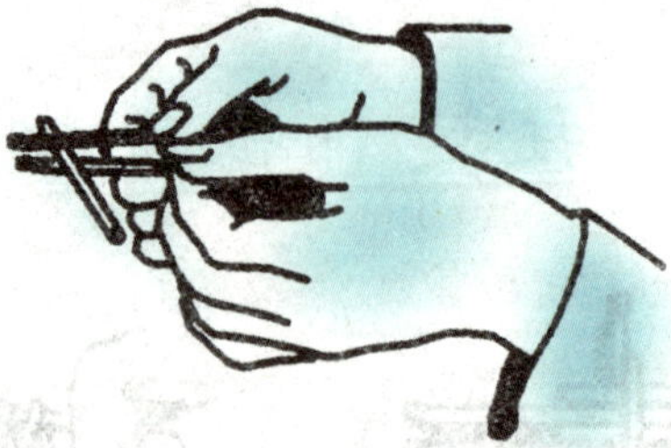

图 9–8

第10章

有趣的计算题

10.1 他们的年龄

题

"老爷爷，您的儿子多大年龄了？"

"他的年龄按周计算的数字是我的孙子的年龄按天计算的数字。"

"那您的孙子多大年龄？"

"我的年龄按月计算的数字就是我孙子的年龄。"

"那您的年龄呢？"

"我们祖孙三个的年龄加起来正好是100岁。你能算出我们各人的年龄吗？"

解

其实要计算出这祖孙三人的年龄并不难。由题意可以看出，儿子的年龄是孙子年龄的7倍，爷爷的年龄是孙子年龄的12倍，假设孙子是1岁，那么儿子的年龄就是7岁，爷爷的年龄就是12岁，这时，三个人的年龄和为20岁，但他们的实际年龄是100岁，所以这个年龄是他们实际年龄的$\frac{1}{5}$，所以说，孙子的实际年龄是5岁，儿子的实际年龄是35岁，爷爷的实际年龄是60岁，加起来正好是100岁：$5+35+60=100$岁。

10.2 有几个孩子？

题

我有6个儿子，每个儿子都有一个姐姐或妹妹，你知道我一共有几个孩子吗？

解

也许你认为他一共有12个孩子，可是那样的话，每个儿子就不是只有一个姐妹了，而是有6个，所以说，他有6个儿子，一个女儿，一共是7个孩子。

10.3 谁的年纪大？

题

我儿子的年龄两年后是两年前的2倍，我女儿的年龄三年后是三年前的3倍。

那么，我的儿子和女儿谁的年纪大些呢？

解

儿子和女儿同岁，他们是双胞胎，都是6岁了：

$(6+2)\div(6-2)=2$；$(6+3)\div(6-3)=3$

要计算出这道题，还有一个简便方法：两年后，小男孩比两年前大4岁，他两年后的年龄是两年前的2倍，也就说明他两年前4岁，所以他的年龄是$4+2=6$岁。女儿的年龄计算方法和儿子的相同。

10.4 兄弟姐妹

题

我的兄弟和姐妹一样多，一个兄弟的兄弟数目是他的姐妹数目的一半。请问包括我在内的兄弟姐妹一共有多少人？

解

总共有7人，我（女），3个兄弟，3个姐妹。

10.5 早点

题

吃早点的时候，两个父亲和两个儿子每人吃了一枚鸡蛋，一共吃了3枚，你觉得这可能吗？

解

可能。因为这两个父亲和两个儿子不是4个人，而是祖孙三个：爷爷、爸爸、儿子，爷爷是爸爸的父亲，爸爸是儿子的父亲，儿子是爸爸的儿子，爸爸又是爷爷的儿子。

10.6 一只蜗牛

题

一只蜗牛爬一棵高达15米的树，白天向上爬5米，但晚上会滑下来4米。那么这只蜗牛要爬到树尖需要几个昼夜？

解

需要10个昼夜和一个白天的时间才能爬到树尖。蜗牛每天爬的距离为1米，在10昼夜的时间，能爬到10米高。最后一个白天，可以爬5米，正好爬到树尖了。

10.7 伐木工人

题

几个伐木工人要把一根5米长的木材据成1米长的柴火。他们锯下一段柴火需要$1\frac{1}{2}$分钟，那么伐木工人要锯完整根木材需要多长时间呢？

解

也许你认为需要的时间是 $1\frac{1}{2}\times5=7\frac{1}{2}$ 分钟。可你是否想过，最后一下会锯出两段 1 米长的柴火，也就是说，只需锯 4 下就能把一根 5 米长的圆木锯成 1 米长的柴火，而不是 5 下，故需要的时间应该是 $1\frac{1}{2}\times4=6$ 分钟。

10.8 到镇上去

题

一个农民到镇上去办事，前一半路坐火车，耗费的时间是走路去办事所需时间的 1/15；后一半路程他想骑着牛赶路，耗费的时间是走路时间的 2 倍。他用这两种方式赶路和走路相比，节省了多少时间呢？

解

这个农民其实并没有节省时间，而且还浪费了时间。他走后一半路程耗费的时间是他步行走完全程的时间。他浪费的时间是他坐火车走完前一半路所耗费时间，即他走路去办事所需时间的 $\frac{1}{15}$。

10.9 树上的乌鸦（民间的趣题）

题

几只乌鸦落在枯树枝上；
如果每支树枝落下一只乌鸦；
那么就有一只乌鸦没有树枝可落；
如果每支树枝上落下两只乌鸦；
那么就有一支树枝上没有乌鸦。
你知道乌鸦一共有几只？
树枝一共有几支吗？

解

这个民间趣题的解法是这样的：假定树枝数与乌鸦数相匹配，从题目中得知，如果每支树枝上落一只乌鸦，就差一支树枝，如果站两只，就少两只乌鸦，也就是说，第二种情况比第一种情况需要的乌鸦多3只。第二种情况，每支树枝上的乌鸦比第一种情况多1只，那就说明，一共有3支树枝。如果第一种情况中，一支树枝上站一只乌鸦，那么这时就有3只乌鸦，再加上多出的一只，就是4只。

所以说，一共有4只乌鸦，3支树枝。

10.10 分苹果的小学生

题

A学生对B学生说：“如果把你的苹果给我，那么我的苹果数量就是你的2倍了。”

B学生不满意地回答：“这太不公平了，还是你给我一个苹果，这样我和你的苹果就一样多了。”

那么这两个小学生各有几个苹果呢？

解

如果A学生拿出一个苹果给B学生，两个人的苹果数目就相等了，也就是说，A学生的苹果数目比B学生多2个，如果B学生给A学生1个苹果，两个人拥有的苹果数目之差就是4个。这时，A学生拥有的苹果数目是B学生的2倍，那么，B有4个苹果，A有8个苹果，所以说原来A学生的苹果数目是$8-1=7$个，原来B学生的苹果数目是$4+1=5$个。

如果你觉得这个答案不正确，可以检验一下，如果A学生给B学生一个苹果，则：

$7-1=6$；$5+1=6$。

这时两个人的苹果数量相等。所以说，A学生有7个苹果，B学生有5个苹果。

10.11 皮带扣多少钱？

题

皮带加皮带扣的价格是68戈比，皮带扣价格比皮带少60戈比。那么皮带扣多少钱呢？

解

你一定认为皮带扣的价格是8戈比，这样想的话，你就错了。因为如果是这样，那么皮带扣就比皮带少52戈比，而不是少60戈比，并不符合题意。

所以说，皮带扣的价格应该是4戈比，而皮带的价格是 $68-4=64$ 戈比，这时的皮带扣比皮带的价格少60戈比，与题意相符。

10.12 玻璃杯的数量

题

如图10-1所示，架子上有三种大小不同的容器，每一个架子上所有容器的总容积都相等，最小的容器可以装下一玻璃杯的水，那么其它两种大小的容器可以装下多少玻璃杯的水？

图10—1

解

仔细观察可以看出，第三排架子和第一排架子相比，多了一种中号的容器。根据题意可知，每个架上的容器的总容积相等，所以，一个中号的容器就是三个小号容器的容积之和。所以说，每只中号容器可以装得下3玻璃杯的水，如果把一排架子上的中号容器换成玻璃杯，那么第一排架子上的容器就变成了一个大号的容器和12只玻璃杯，把它与第二排架子上的容器相比较，就知道大号容器可以装下6玻璃杯的水。

10.13 正方形的数目

题

看图10-2，你能说出图中有多少个正方形吗？你可能认为有25个，那你就错了。的确，图中是有25个小正方形，但还有很多分别由4个小正方形、9个小正方形和16个小正方形、25个小正方形组成的正方形，那么这个图形中一共有多少个正方形呢？

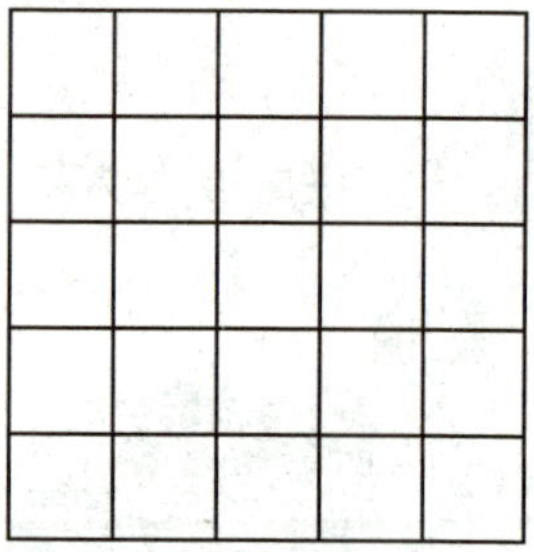

图10-2

解

一共有25个小正方形；

有16个由4个小正方形组成的正方形；

有9个由9个小正方形组成的正方形；

有4个由16个小正方形组成的正方形；

有1个由25个小正方形组成的正方形；

加起来一共是55个，所以说，图中一共有55个正方形。

10.14 一平方米

题

阿辽沙听说一平方米里有100万平方毫米时，惊讶地说："这怎么可能呢？怎么会有这么多？我这儿就有毫米方格纸，长宽都是1米，刚好是一平方米，难道这张纸上的毫米方格一共有100万个吗？我绝对不会相信这一点。"

"如果你不相信，可以亲自数一数。"

阿辽沙怎么也无法相信这个事实，他决定要数一数，星期天早上，他就开始数了，他数得非常认真，对每一个数过的小方格都做了标记，他数得很快，每数一个毫米方格并做上标记只用1秒的时间。

阿辽沙就这样执著而认真地数着。你认为他在一天的时间内，能把所有的毫米方格数完吗？

解

这是不可能做到的。就算他以现在的速度昼夜不停地数，24小时是864 00秒，所以他一昼夜的时间也只能数864 00个毫米方格，如果这样昼夜循环地数，他也要数10多天才能数完这些毫米方格；如果他每天只数8个小时，要数完这100个方格，需要一个月的时间。

10.15 苹果的分配

题

米莎的家里来客人了，是米莎的6个小伙伴，爸爸想把苹果拿出来招待他们，可家里只有5个苹果了，怎么办呢？想让每个人都能吃到苹果，所以只能把苹果切开进行分配。可是如果把苹果切成太小块又不太合适，爸爸想最多把苹果切成三份，可是一共是5个苹果，怎样切，怎样平均分配给6个人呢？你知道米沙的爸爸是怎么做的吗？

解

切分方法如下：把三个苹果分别切成两半，就是6份，另外两个苹果每一个进行3等分，也是6份，这样，每个小朋友都能得到一个半块苹果和一个1/3苹果，而且每个苹果也没有被分成3份以上。

10.16 蜂蜜

题

仓库里有很多装蜂蜜的桶，其中有7只桶装满了蜂蜜，7只桶装了一半，还有7只桶是空的。这些蜂蜜是三个合作社购买的，怎么才能在不把一只桶里的蜂蜜倒入另一只桶里的情况下，对这些蜂蜜进行平均分配呢？你知道怎么做吗？

解

仓库里一共有21只桶，蜂蜜的数量为$7+3\frac{1}{2}=10\frac{1}{2}$桶，那么，每个合作社应该分到7只桶和$3\frac{1}{2}$桶蜂蜜。这道题的解法有两种。

第一种解法：

第1个合作社	3只装满蜂蜜的桶 1只装有半桶蜂蜜的桶 3只空桶	共计$3\frac{1}{2}$桶蜂蜜
第2个合作社	2只装满蜂蜜的桶 3只装有半桶蜂蜜的桶 2只空桶	共计$3\frac{1}{2}$桶蜂蜜
第3个合作社	2只装满蜂蜜的桶 3只装有半桶蜂蜜的桶 2只空桶	共计$3\frac{1}{2}$桶蜂蜜

图10-3

第二种解法：

第 1 个合作社	3 只装满蜂蜜的桶 1 只装有半桶蜂蜜的桶 3 只空桶	共计 $3\frac{1}{2}$ 桶蜂蜜
第 2 个合作社	3 只装满蜂蜜的桶 1 只装有半桶蜂蜜的桶 3 只空桶	共计 $3\frac{1}{2}$ 桶蜂蜜
第 3 个合作社	1 只装满蜂蜜的桶 5 只装有半桶蜂蜜的桶 1 只空桶	共计 $3\frac{1}{2}$ 桶蜂蜜

图 10—4

10.17 买邮票

题

一个人去邮局买邮票，一共买了 100 枚价格分别为 50 戈比、10 戈比和 1 戈比的 3 种不同的邮票，一共花了 5 卢布。那么这三种价格的邮票，他分别买了多少枚？

解

这道题的解法只有一种：

他买了 1 枚 50 戈比的邮票，39 枚 10 戈比的邮票，60 枚 1 戈比的邮票。这样，他一共买的邮票数量为 $1+39+60=100$，一共花费了 $50+390+60=500$ 戈比，也就是 5 卢布。

10.18 米莎家的猫

题

米莎非常喜欢小猫，在外面看到流浪的小猫都会把它们捡回家，以致于她的家里已经有好几只小猫了，她怕同学会笑她，所以不敢说出自己家里有多少只猫。有一次，一个同学问她："你家里现在有多少只猫了？"

米莎巧妙地回答："只有所有猫的$\frac{3}{4}$加上一只猫的$\frac{3}{4}$。"

同学们以为她在开玩笑，可米莎的确给他们出了一道难题，你能知道答案吗？

解

从米莎的话中可以知道，猫的总数的$\frac{1}{4}$是一只猫的$\frac{3}{4}$，那么，猫的总数就是$\frac{3}{4}$的 4 倍，就是 3 只。用 $3\times\frac{3}{4}=2\frac{1}{4}$，这样剩下的猫是$\frac{3}{4}$只。

10.19 硬币

题

一个人一共有 42 枚硬币，钱数总值为 4 卢布 65 戈比，面值分别为 1 卢布、10 戈比和 1 戈比。那么，你知道这三种面值的硬币各有多少枚吗？有几种方法可以解出这道题？

解

这道题的解法有以下 4 种：

	方法 1	方法 2	方法 3	方法 4
卢布	1	2	3	4
10 戈比	36	25	14	3
1 戈比	5	15	25	35
硬币总数	42	42	42	42

图 10—5

10.20 鸡蛋的买卖

题

一个人到集市上卖鸡蛋，第一个买主买走了所有鸡蛋的一半再加半个鸡蛋，第二个买主买走了余下的鸡蛋的一半再加半个鸡蛋。第三个买主只买了一个鸡蛋。这时，他的鸡蛋全都卖完了。那么他一共卖了多少鸡蛋呢？

解

从题中可以看出，这个人拿到集市上卖的鸡蛋数目是奇数，第一个人买走了所有鸡蛋的一半，因为奇数的一半是小数，再加上半个鸡蛋就是整数了，再看后面，第二个买主买走剩余鸡蛋的一半再加半个鸡蛋后，这个人就只有一个鸡蛋没有卖出去了。也就是说，一个鸡蛋再加半个鸡蛋是第一个买主买走鸡蛋后剩余鸡蛋的1/2。那么，第一个买主买走鸡蛋后剩余的鸡蛋数目是$1\frac{1}{2}+1\frac{1}{2}=3$个，这个数目再加上半个就是这个人原有鸡蛋的一半，所以他拿到集市上卖的鸡蛋数量是$3\frac{1}{2}+3\frac{1}{2}=7$个。

10.21 她们上当了

题

两个农妇各自带着30枚鸡蛋到集市上去卖。一个农妇按两枚鸡蛋5戈比的方式卖鸡蛋，另一个农妇按3枚鸡蛋5戈比的方式卖鸡蛋。卖完鸡蛋后，她们不会数数，只好找路人帮忙数钱，路人把钱接过去说：

“你们一个人卖2枚鸡蛋5戈比，另一个人卖3枚鸡蛋5戈比，也就是说，你们就是5枚鸡蛋卖10戈比，一共是60枚鸡蛋，也就是12个5枚，也就是说，你们一共得到了120戈比，就是1卢布20戈比。”

路人把1卢布20戈比交给了两个农妇，还剩下了5戈比，他放进了自己的口袋。为什么会多出5戈比呢？

解

路人的计算方法是错的，两个农妇出售鸡蛋时，一个人卖2枚鸡蛋5戈比，一个人卖3枚鸡蛋5戈比，可路人却把她们的收入当成一样的了，5枚鸡蛋10戈比，就是1枚鸡蛋2戈比。其实第一个农妇按2枚鸡蛋5戈比的价格卖30枚鸡蛋，一共卖了15组；第二个农妇按3枚鸡蛋5戈比的价格卖30枚鸡蛋，一共卖了10组。她们出售的鸡蛋，平均价格是多于2戈比的。她们的收入应该是：$\frac{30}{2}\times 5+\frac{30}{3}\times 5=1$ 卢布25戈比。

10.22 时钟

题

时钟在3秒钟之内敲了3下，那么它敲7下需要几秒钟时间？

解

如果时钟在3秒钟内敲了3下，在3秒钟之内有2个时间段，也就是说，时钟是在这2个时间段持续了3秒，那么它在每个时间段持续的时间就是 $1\frac{1}{2}$ 秒。时钟敲7下时，里面就有6个时间段，所以需要 $1\frac{1}{2}\times 6=9$ 秒。

10.23 小猫

题

一家人养几只母猫，它们大小一样。过了一段时间，每只母猫产下了一只小猫，它们的重量如下：

4只母猫和3只小猫的重量加起来是15千克；

3只母猫和4只小猫的重量加起来是13千克。

所有小猫的重量也是一样的，你能计算出母猫和小猫的重量各是多少吗？

解

由于4只母猫和3只小猫的重量加起来是15千克；

3只母猫和4只小猫的重量加起来是13千克。

所以，7只母猫和7只小猫加起来的重量是28千克。

那么，一只母猫和一只小猫的重量加起来是4千克；4只母猫和4只小猫的重量加起来是16千克。

因为4只母猫和3只小猫的重量加起来是15千克；

3只母猫和4只小猫的重量加起来是13千克。

所以知道一只小猫的重量是1千克，一只母猫的重量是3千克。

10.24 九宫格

题

这道题其实更像一个小魔术，只供大家娱乐消遣之用。

找几根火柴，用它们拼出一个由9个小正方形组成的大正方形，在每个小正方形中放上硬币，使得每一横行和每一纵列的硬币数目都是6戈比（图10-6）。

1	2	3
2	③	1
3	1	2

图10—6

现在不要移动画上圆圈的硬币，把其他的硬币重新排列，使每一横行和每一纵列的硬币数目仍然是6戈比。

解

也许你会认为这根本就不可能，其实这并非不可能，只要你用点计策就能做到了。如图10—7所示，不必移动圈中的硬币，只要把最下面一排硬币挪到最上面就行了，这样的话，就在不移动圆圈中的硬币的情况下把硬币重新排列了。

3	1	2
1	2	3
2	③	1

图 10—7

第11章

想一想

11.1 哪只手？

题

找两枚面值分别是2戈比和3戈比的硬币，一手拿一枚，不要告诉你的两只手里各拿的是哪枚硬币。然后把右手中的硬币面值乘以3，左手中的硬币面值乘以2，然后把这两个结果相加，告诉我得出的结果是奇数还是偶数，我就能猜出你两只手里拿的是哪枚硬币了。

假设你右手中的硬币是2戈比，左手中的硬币是3戈比，应该这样计算：

$(2\times3)+(3\times2)=12$

这时就告诉我，这个结果是偶数。

我就知道你右手里拿的是2戈比的硬币，左手里拿的是3戈比的硬币。

你知道这其中的奥秘吗？

解

这道题之所以可以这样解，是因为数字有以下特点：任何一个数乘以2的结果都是偶数，偶数乘以3的结果仍然是偶数，奇数乘以3的结果就是奇数。两个偶数相加，结果是偶数，偶数和奇数相加，结果就是奇数。如果你不相信，可以用几个数字来验证。

正因为数字的这一特点，所以在这道题中，要使结果是偶数，只有在3戈比乘以2戈比的时候才会如此。那么，只有左手中的硬币是3戈比，右手中是2戈比时，结果才会如此。如果右手中拿的是3戈比，再用它乘以3，得出的就是奇数了。所以想要知道你两只手里的硬币面值各是多少，只要知道你计算出来的结果是奇数还是偶数就可以准确判断出来了。

这个规则在其他面值的硬币上也是适用的，2戈比和5戈比、20戈比和

15 戈比、10 戈比和 15 戈比。所乘的数字也可以是 5 和 10、2 和 5 等等。

要玩这个魔术也不必非要用硬币，也可以用火柴来表演：左手拿 2 根火柴，右手拿 5 根，把左手里的火柴数目乘以 2，右手里的火柴数目乘以 5……

11.2 多米诺骨牌

题

要做下面这个小魔术，就需要一定的技巧了，但这个技巧也有很多人不能理解。

告诉你同学，让他在心里选中一张多米诺骨牌，而你在隔壁房间就能知道他心里选中的是哪张。为了让他们相信，你可以蒙上眼睛坐在隔壁房间，让你的同学在心里选中一张骨牌，然后你问他选中的是什么样的骨牌，你不需要看骨牌和你的同学，就可以正确地回答出这个问题。

这个小魔术的奥秘在哪儿呢？

解

其实要做这个小魔术，必须要有你的一个同学帮忙才能完成。你们要事先商量好暗语：

“我”代表“1”；

“你”代表“2”；

“它”代表“3”；

“我们”代表“4”；

“您”代表“5”；

“他们”代表“6”。

可这些暗语要怎样应用呢？如果你的“助手”在心里选好 3 张骨牌后问你：

"我们已经选好了，你知道它是什么吗？"

这个暗语这样解读："我们"指的是"4"，"它"指的是"3"，那么这张骨牌就是4 | 3。

如果选中的骨牌是1 | 5，那么，你的助手就会对你说："我想您这次一定猜不出来了。"

谁都不会想到，这句普通的话中，"我"代表"1"；"您"代表"5"；

如果选中的骨牌是4 | 2，你的助手就会和你说："我们这次选的骨牌你一定猜不出来。"

骨牌中的白板用什么表示呢？可以用"伙计"这样的称呼表示，如果选中的骨牌是0 | 4，那么你的助手就会这样对你说："嘿！伙计，能猜出我们这次选了什么牌吗？"

你就会立刻猜出是0 | 4了。

11.3 再猜多米诺骨牌

题

下面的这种猜多米诺骨牌的方法和前面的那个小计谋可不一样，是需要计算的数学小魔术。

让你的同学挑选一张多米诺骨牌放在口袋里，然后你经过计算得知他口袋里的骨牌是什么。假设他选中的骨牌是6 | 3。

让你这位同学用其中的一个数字，比如6乘以2：$6\times2=12$。再用这个结果加上7：$12+7=19$，再用这个结果乘以5：$19\times5=95$。再用这个结果加上骨牌上的另一个数字——3：$95+3=98$。

让他把最后得出的结果告诉你。你用这个数减去35，就得出了最后的结果：$98-35=63$，所以，你要猜的这张骨牌是6 | 3。

上述这个解法的道理是什么呢？为什么要把最后的结果减去35呢？

解

上述计算方法中，先把第一个数字乘以 2，再乘以 5，也就是把这个数乘以 10. 再加上 7 乘以 5 的积，就是说，是把前面得出的结果加上 35，所以要把最后的结果减去 35，得出的数就是骨牌数的 10 倍，那么只要把这个数除以 10，就得到骨牌的两个数字了，你懂了吗？

11.4 数字小魔术

题

任意想出一个数。用这个数：

加上 1；

乘以 3；

再加上 1；

加上最初想出的数。

把计算出来的结果告诉我，我用这个数字、减去 4，用这个结果再除以 4，得出的数就是你最初任意想出的那个数。比如，你任意想出的数是 12。

先加上 1，得 13；

乘以 3，得 39；

再加上 1，得 40；

40 + 12 = 52。

我知道这个结果后，用 52 减去 4，得 48，再用 48 除以 4，结果是 12。为什么会这样呢？你知道吗？

解

把整个计算过程仔细看一遍，你会发现，这个计算过程是把最初的数字乘以 4 再加上 4，所以猜谜的人只要把这个结果减去 4，再除以 4，得到的结果就是最初的数了。

11.5 三位数

题

任意想一个三位数，别告诉我它是什么，用这个数的百位数乘以 2，得出的结果加上 5，再用这个结果乘以 5，得出的结果加上这个三位数的十位数，再乘以 10，用得出来的结果加上这个三位数的个位数，把得出的结果告诉我，我就能知道你想出的那个三位数是什么。

假设你想出的三位数是 387，然后对它进行上述计算过程：

$3\times2=6$；

$6+5=11$；

$11\times5=55$；

$55+8=63$；

$63\times10=630$；

$630+7=637$。

这时你把这个结果告诉了我，我就立刻知道你想出来的那个三位数是什么。你知道我是怎么猜出来的吗？

解

再仔细计算上面的过程。先把百位数乘以 2，再加上 5，再乘以 10，其实是把这个数乘以 $2\times5\times10=100$，再加上 25，再加上十位数后乘以 10，就是把十位数乘以 10，再加上 250。最后加上个位数后，其实就是在最初的那个数上加了 250。所以，知道最终的结果后，只要用它减去 250，就能知道你一开始想出来的那个三位数是什么了。

用这个方法，只要把得到的结果减去250，就能知道别人想出来的数是什么了。

11.6 怎么猜出来的？

题

再来玩一个猜字游戏，你们选定数字，我来猜。

任选一个数字（数字只有10个，从0~9，和“数”不同），在心里记好这个数字，现在用这个数字乘以5，千万不要计算错误。

现在，再用得到的结果乘以2，然后再加上7，计算出结果后，从这个结果中去掉第一位数。再用得到的这个数加上4，减去3，再加上9。

现在，我已经知道你得到的结果是17对吗？

如果你还是觉得难以置信，可以再来试一次。

选好一个数字，用这个数字乘以3，再乘以3，然后用你得到的结果加上你选好的那个数字。再用得到的结果加上5，从得到的得数中去掉第一位数。用得到的这个数加上7，减去3，加上6。

我知道了，你得到的结果是15。

我猜的对吧？如果你说我猜的不对，那一定是你中途某处计算错误了。还想再试一次吗？没问题。

选好一个数字，用这个数字乘以2，得到的结果再乘以2，再乘以2；用得到的结果加上你选好的那个数字，然后再加一次那个数字；得到的结果加上8，从得到的得数中去掉第一位数。用得到的这个数减去3，再加上7。

我猜出你得到的结果是12对吗？

不必再试了，因为不管再试几次，我都不会猜错的。

你知道吗？我在这本书出版前几个月就想出了这个游戏，当然了，也就是在你选定数字之前我就知道了。那就说明，我最后猜出的数和你选的数字一点关系也没有，你知道其中的奥秘吗？

解

如果你想知道其中的奥秘，就应该仔细观察前面的计算过程。第一个例子中，你把选定的数字乘以5，再乘以2，就说明你把这个数字乘以10。任何一个数字乘以10之后的得数，它的个位数都是0。然后再在这个数上加7，这时我就知道你现在得到的这个数是一个两位数，虽然我不知道十位数是什么，可我知道个位数是7，我让你把十位数去掉，也就是说，你去掉的那个数字正好是我不知道的。现在你得到的数字当然就是7了。其实到这里为止，我完全可以告诉你结果是7。但为了显得更加神秘而真实，我又让你在7的基础上加或减去不同的数，然后我在心里进行计算，直到最后我告诉你结果是17，所以说，不管你选了数字是几，我都能知道这个结果是17。

第二个例了中，我用的方法和第一个例子中的方法不同，你知道其中的奥秘了吗？我让你把选好的数字乘以3，再乘以3，再加上你最初选好的数字，这就等于把你最初选好的数字乘以$3\times3+1=10$。这时我就知道你得出的结果的最后一位数是0，接下来的步骤就和第一个例子的方法相同了。

第三个例子中，其实它的方法和前两个例子一样，我让你在选好的数字上乘以2，再乘以2，再乘以2，用所到的结果两次加上你选好的数字。这就等于把你选定的数字乘以$2\times2\times2+1+1=10$，接下来的步骤和前两个例子相同。

了解这些技巧后，你也可以给你的同学变这个算术小魔术了，而且你只要开动脑筋，还能自创一些猜数字的方法，勇敢地尝试一下吧。

11.7 被引导的猜谜者

题

从前，我一直认为要猜中同学手中的硬币的面值简直太难了，但想要猜不中就太简单了。但后来我才发现，有时候想猜不中却比猜中要简单得多。我来给你讲述我的一段经历，有一次，我就成了一个想猜不中都难的猜谜者，因为我每次都会不由自主地猜中。

有一次，哥哥问我："你想不想猜猜我手里的硬币是多大面值的？"

"我不会猜，应该怎么猜？"

"没有不会猜的，你认为是什么，就说什么。"

"这样是很简单，但我一定猜不中的。"

"别这么说，你只有可能猜中，绝对不可能猜不中，可以开始了。"

哥哥把一枚硬币放进了火柴盒里，又把火柴盒装进了我的口袋里。

"你要看好这枚硬币，一会儿可别说我把它偷换了。硬币有铜币和银币两种，你选哪种？"

"我不知道该选什么，因为我不知道那个火柴盒里面的硬币是铜币还是银币。"

"那你认为是什么就说出来吧。"

"嗯，我认为是银币。"

"那么，至于硬币的几种面值：50 戈比、20 戈比、15 戈比、10 戈比，你从其中选两种。"

"我应该选哪两种？"

"想选哪种就选哪种。"

"好吧，那就选 20 戈比和 10 戈比。"

哥哥说："现在，还有 50 戈比和 15 戈比的硬币没有选，你再从这两种硬币中选一种。"

我想都没想就说："15 戈比。"

"现在，你打开口袋里的火柴盒，看看里面的硬币。"

我从口袋里掏出火柴盒，打开它看到里面的硬币果然是 15 戈比。

我觉得这简直太神奇了，缠着哥哥告诉我秘密："我怎么猜中的？这是怎么回事，我只是随便说的。"

"我早和你说过了，你不可能猜不中的，再来试试'猜不中'的游戏，这个游戏可不简单。"

"好，再玩一次，我不可能会猜中的。"

可我们玩了第二次、第三次、第四次……，这个游戏，我都准确无误地猜中了硬币。其中的奥秘让我百思不得其解，终于哥哥说出了其中的秘密。

这个秘密是什么呢？我想，你也许也猜到了吧。

解

这个游戏的秘密简直太简单了，我居然被这样的小把戏骗得团团转。告诉你，我是怎么猜中火柴盒里的15戈比硬币的。

哥哥让我在铜币和银币中作选择，我选择了银币，这可是我碰巧猜对的，但如果我选的是铜币，哥哥也会说："还有银币没有选。"然后就让我选择银币，不管中间有什么曲折，他最后都会让我在四枚硬币中选，即使我没有选中15戈比的硬币，他也会说："现在只有20戈比和15戈比的硬币你没有选了。"

也就是说，不管我中间猜得对不对，哥哥都会把我往正确答案上引导，因为他早知道那枚硬币的面值了。

11.8 超凡的记忆力

题

魔术师可以记住一长串的单词或数字，他们超乎常人的记忆力会让你非常吃惊，其实你也可以表演这样的魔术给你的同学们看，他们肯定会大吃一惊的：

在50张卡面上按下表所示，写上数字和字母。这时，每张纸片上都有一个比较长的数，左上角又有拉丁字母和数学编号。让你的同学每人拿一张，然后告诉他们你记得所有纸片上的任何数字。他们只要说出纸片的编号，你就能说出纸片上的数字，例如有人说"E.4"，你就能说出它的编号是："10128224"。

这些卡片上的数字一共有50个，而且都很长，所以你的表演一定会为你赢来喝彩声。

事实上，你不需要把这些数字一一背熟，这个表演使用的方法要简单得多，你知道应该怎么做吗？

A. 24020	B. 36030	C. 48040	D. 540050	E. 612060
A.1. 34212	B.1. 46223	C.1. 58234	D.1. 610245	E.1. 712256
A.2. 44404	B.2. 56416	C.2. 68428	D.2. 7104310	E.2. 8124412
A.3. 54616	B.3. 66609	C.3. 786112	D.3. 8106215	E.3. 9126318
A.4. 64828	B.4. 768112	C.4. 888016	D.4. 9108120	E.4. 10128224
A.5. 750310	B.5. 870215	C.5. 990120	D.5. 10110025	E.5. 11130130
A.6. 852412	B.6. 972318	C.6. 1092224	D.6. 11112130	E.6. 12132036
A.7. 954514	B.7. 1074421	C.7. 1194328	D.7. 12114235	E.7. 13134142
A.8. 1056616	B.8. 1176524	C.8. 1296432	D.8. 13116340	E.8. 14136248
A.9. 1158718	B.9. 1278627	C.9. 1398536	D.9. 14118445	E.9. 15138354

图 11—1

解

其实你只要知道编号，就能知道它下面的数字是什么。

你先要记住，字母“A”代表的是20、“B”代表30、“C”是40、“D”是50、“E”是60。

它的编号都是字母旁边加的数字，它都能表示出一个数，例如：A.1 = 21，C.3 = 43，E.5 = 65。

遵循一定的规则，你就能用这些数字写出很长的数，应该怎样操作呢？

如果有人说出编号E.4，你就会知道这个数是64，然后对64进行下面的运算：

先把这个数的两个数字相加：$6+4=10$；

再用这个数乘以2：$64\times2=128$；

再用大的数字减去小的：$6-4=2$；

最后，把这两个数字相乘：$6\times4=24$。

所以，把这几个得数放在一起，那么，这个编号对应的数就是：10 128 224。

要把这个编号对应的数字进行的计算过程就是加、乘以2、减、乘。

再举一个例子：

猜猜编号为D.3卡片上的数的计算过程：

D.3 = 53；

$5+3=8$；

$53\times2=106$；

$5-3=2$；

$5\times3=15$。

所以这张卡片上的数字是8 106 215。

编号为B.8的卡片上的数的计算过程：

B.8 = 38；

$3+8=11$；

$38\times2=76$；

$8-3=5$；

$8\times3=24$。

所以这张卡片上的数字是1 176 524。

为了减轻记忆难度，你可以在纸上或黑板上陆续写出每个数字。

这个小魔术的奥秘比较复杂，一般的人是不会猜到的。